Projekt

Physik betreiben heißt, etwas zu tun. Auf den Projektseiten findet ihr viele Tipps und Anregungen – um etwas zu machen, das sich am Ende sehen lassen kann.

Projekt

Umwelt

Ein Blick in die Technik

Bewegungen

AUFGABEN

1. Nenne je zwei Beispiele für geradlinige Bewegungen, Kreisbewegungen und Schwingungen!
2. Kennzeichne eine gleichförmige Bewegung!
3. Nenne je zwei Beispiele für gleichförmige und ungleichförmige Bewegungen!
4. Welche Teile der folgenden Bewegungsvorgänge verlaufen gleichförmig?
   a) Fahrt in einem Fahrstuhl,
   b) Fahrt mit einer Eisenbahn,
   c) Flug mit einem Flugzeug!
5. Ein Reporter bei einem Autorennen: „Die Wagen kommen mit 180 Stundenkilometern auf die Zielgerade!" Was meint er damit? Wie müsste es „physikalisch korrekt" heißen?
6. Welchen Verlauf hat der Graph im Weg-Zeit-Diagramm einer gleichförmigen Bewegung?
7. Wie kommen die Umrechnungsfaktoren zwischen den Einheiten der Geschwindigkeit m/s und km/h zustande?
8. Was bedeutet die Aussage, dass die Geschwindigkeit eines Förderbandes 1,4 m/s beträgt?
9. Auf einem Förderband werden Strohballen in fünf Sekunden 10 Meter transportiert. Welche Geschwindigkeit haben die Ballen?
10. Beim Staffellauf legt ein Läufer 100 m in 10 s zurück. Wie groß ist seine Geschwindigkeit in m/s und km/h?
11. Warum ist die Durchschnittsgeschwindigkeit nie größer als der höchste Wert der Augenblicksgeschwindigkeit?
12. Die Magnetschwebebahn „Transrapid" könnte die Strecke Berlin–Hamburg (285 km) in 53 Minuten zurücklegen. Wie groß wäre ihre Durchschnittsgeschwindigkeit (in m/s und km/h)?
13. Die Durchschnittsgeschwindigkeit eines Pkw beträgt $v = 60$ km/h. Sie ist dreimal so groß wie die eines Radfahrers. Vergleiche die Zeiten, die der Pkw und der Radfahrer für eine Strecke von 30 km benötigen!
14. In Bild 1 ist die Bewegung eines ICE im Weg-Zeit-Diagramm dargestellt. Welchen Weg hat er nach 1 Stunde, 2 Stunden und 3 Stunden zurückgelegt? Wie groß ist seine Durchschnittsgeschwindigkeit für die gesamte Fahrt?

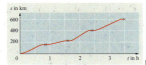

ZUSAMMENFASSUNG

Man unterscheidet 3 Bewegungsarten: geradlinige Bewegung, Kreisbewegung und Schwingung.

Wichtige Bewegungsformen sind die gleichförmige und die ungleichförmige Bewegung.

Die physikalische Größe Weg kennzeichnet die Ortsveränderung.
Formelzeichen: s Einheit: Meter (m)

Die physikalischen Größe Zeit hat das Formelzeichen t.
Einheiten: Stunde (h), Minute (min), Sekunde (s).

Die Geschwindigkeit gibt an, wie schnell oder langsam sich ein Körper bewegt.

Bei einer gleichförmigen Bewegung berechnet man die Geschwindigkeit eines Körpers nach der Gleichung $v = \frac{s}{t}$.

Die Einheit der Geschwindigkeit ist Meter je Sekunde $\frac{m}{s}$. Ein Messgerät für die Geschwindigkeit ist das Tachometer.

Aufgaben
Sie dienen nicht nur zur Wiederholung und zur Übung. Sie sollen dir ebenso helfen, mit dem Gelernten Neues zu entdecken oder Altbekanntes neu zu verstehen. Daher sind auch hier oft kleine Experimente auszuführen.

Zusammenfassung
Am Ende des Kapitels wird das Wichtigste noch einmal auf den Punkt gebracht.

Ein Blick in ...
Auf diesen Seiten wird über den Tellerrand geschaut – denn der Physik begegnest du nicht nur im Physikraum. Ein *Blick in die Natur* und ein *Blick in die Technik* verrät, wo die Physik, die ihr gerade behandelt, eine besondere Rolle spielt.
Beim *Blick in die Geschichte* erfährst du, was die Menschen früher schon über die Physik wussten und wie diese Wissenschaft langsam entstanden ist.

Themenseiten
Hier kannst du dich gründlich informieren über *Umwelt, Energie*, und *Gesundheit* – Themen, die jeden von uns direkt berühren. Wie werden Altbauten saniert? Was untersucht der Augenarzt? Welche Geschwindigkeitsrekorde gibt es im Tierreich? Diese Fragen tauchen nicht nur im Physikunterricht auf, sondern auch in anderen Fächern, wie z. B. Erdkunde, Biologie oder Chemie.

Physik plus

Klasse 6
Brandenburg

Herausgegeben von
Helmut F. Mikelskis und Hans-Joachim Wilke

Autoren:
Prof. Dr. Klaus Liebers (S. 101, 102)
Prof. Dr. Helmut F. Mikelskis (Optik)
Prof. Dr. Silke Mikelskis-Seifert (Denk- und Arbeitsweisen in der Physik)
Thorid Rabe (S. 103)
Prof. Dr. Hans-Joachim Wilke (Körper und Stoffe; Bewegungen in Natur und Technik)

Herausgeber:
Prof. Dr. Helmut F. Mikelskis
Prof. Dr. Hans-Joachim Wilke

Unter Planung und Mitarbeit der Verlagsredaktion
Bettina Conrad-Rosenkranz, Henry Dölitzsch

Illustration: Joachim Gottwald, Roland Jäger, Karl-Heinz Wieland, Hans Wunderlich
Technische Zeichnungen: Peter Hesse
Umschlaggestaltung und Layoutkonzept: Wolfgang Lorenz
Layout: Wladimir Perlin

www.cornelsen.de

1. Auflage, 5. Druck 2009/06

Alle Drucke dieser Auflage sind inhaltlich unverändert
und können im Unterricht nebeneinander verwendet werden.

© 2004 Cornelsen Verlag, Berlin

Das Werk und seine Teile sind urheberrechtlich geschützt.
Jede Nutzung in anderen als den gesetzlich zugelassenen Fällen bedarf der vorherigen
schriftlichen Einwilligung des Verlages.
Hinweis zu den §§ 46, 52 a UrhG: Weder das Werk noch seine Teile dürfen ohne eine solche
Einwilligung eingescannt und in ein Netzwerk eingestellt oder sonst öffentlich zugänglich
gemacht werden. Dies gilt auch für Intranets von Schulen und sonstigen Bildungseinrichtungen.

Druck: CS-Druck CornelsenStürtz, Berlin

ISBN 978-3-06-020644-5

 Inhalt gedruckt auf säurefreiem Papier aus nachhaltiger Forstwirtschaft.

Inhalt

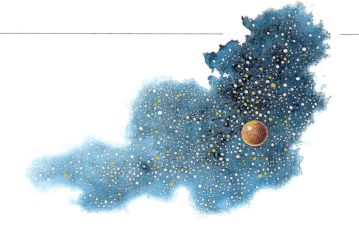

DENK- UND ARBEITSWEISEN
   IN DER PHYSIK _____ 5

Physik ist überall _____ 6

Vom Beobachten zum Messen _____ 8
Beobachten _____ 8
Beschreiben _____ 10
Vergleichen und Ordnen _____ 11
Physikalische Größen _____ 12
Messen _____ 13
Das Experiment _____ 15
Aufgaben _____ 17
Zusammenfassung _____ 17

Physikalische Modelle _____ 18
Vereinfachen und Auswählen _____ 18
Vermuten _____ 21
Die Blackbox-Methode _____ 21
Beobachten, Vermuten und Erklären _____ 22
Projekt Blackbox – Was steckt dahinter? _____ 25
Umwelt Aufsteigen des Wassers
   in Hohlräumen _____ 26
Aufgaben _____ 28
Zusammenfasung _____ 28

OPTIK _____ 29

Ausbreitung des Lichtes _____ 30
Bedeutung des Lichtes für uns Menschen _____ 30
Lichtquellen und beleuchtete Körper _____ 31
Von Lichtbündeln zum Modell
   der Lichtstrahlen _____ 32
Licht und Schatten _____ 34
Mondphasen _____ 39
Mond- und Sonnenfinsternisse _____ 40

Projekt Sonnenuhr _____ 41
Projekt Neumond – Halbmond – Vollmond _____ 42
Projekt Modelle des Sonnensystems _____ 43
Projekt Schattenspiele _____ 44
Aufgaben _____ 45
Zusammenfassung _____ 45

Reflexion des Lichtes _____ 46
Reflexion am ebenen Spiegel _____ 46
Reflexionsgesetz _____ 47
Reflexion an unterschiedlichen Flächen _____ 48
Projekt Mit Spiegeln um die Ecke schauen _____ 49
Ein Blick ins Physiklabor Von der spiegeln-
   den Wasserfläche zum Reflexionsgesetz _____ 50
Aufgaben _____ 51
Zusammenfassung _____ 51

Brechung des Lichtes _____ 52
Erscheinungen der optischen Brechung _____ 52
Brechungsgesetz _____ 53
Aus dem Wasser leuchten _____ 54
Brechung des Lichtes beim Durchgang
   durch Körper _____ 55
Aufgaben _____ 57
Zusammenfassung _____ 57

Bildentstehung mit Linsen _____ 58
Optische Linsen _____ 58
Bildentstehung mit Sammellinsen _____ 59
Strahlenverlauf an Sammellinsen _____ 60
Konstruktion von Bildern _____ 61
Scheinbare Bilder _____ 62
Projekt Lochkamera _____ 63
Ein Blick in die Geschichte
   Technik der Linsenherstellung _____ 64
Aufgaben _____ 65
Zusammenfassung _____ 65

Auge, Brille, Fernrohr und Mikroskop — 66
Auge und Fotoapparat — 66
Bildwerfer — 67
Fernrohre — 68
Mikroskop — 69
Projekt Fotoapparat — 70
Ein Blick in die Geschichte
Modellvorstellungen vom Licht und Sehen — 71
Umwelt Augen – von allen Seiten betrachtet — 72
Unsere Augen — 72
Mit Brillen den Durchblick bekommen — 72
Was der Augenarzt untersucht — 74
Wie die Tiere sehen — 75
Aufgaben — 76
Zusammenfassung — 76

KÖRPER UND STOFFE — 77

Eigenschaften von Körpern — 78
Körper und Stoff — 78
Die Masse — 80
Messen der Masse von Körpern — 81
Masse und Gewicht eines Körpers — 83
Das Volumen — 84
Volumenverhalten von Körpern — 85
Volumenbestimmung — 86
Ein Blick ins Physiklabor
Zur Arbeitsweise der Physiker — 88
Ein Blick in die Geschichte
Das Vergleichen von Massen — 89
Aufgaben — 90
Zusammenfassung — 91

Dichte von Stoffen — 92
Zusammenhang zwischen Masse und
Volumen von Körpern — 92
Die Dichte von Stoffen — 93
Der Zusammenhang von Masse, Volumen
und Dichte — 96
Bestimmung der Dichte von Luft — 97
Bestimmung der Dichte von Flüssigkeiten — 98
Projekt Dichtebestimmung mit dem
Aräometer — 99
Ein Blick in die Technik
Schwere und leichte Stoffe — 100
Ein Blick in die Technik Heißluftballons — 101
Projekt Bau eines Heißluftballons — 102
Projekt Märchenhafte Physik — 103
Aufgaben — 104
Zusammenfassung — 104

BEWEGUNGEN IN NATUR UND
TECHNIK — 105

Bewegungen von Körpern — 106
Bewegung als Ortsveränderung — 106
Verschiedene Arten von Bewegungen — 107
Gleichförmige und ungleichförmige
Bewegung — 107
Die physikalische Größe Weg — 108
Die physikalische Größe Zeit — 108
Die Geschwindigkeit eines Körpers — 108
Das Weg-Zeit-Diagramm
für gleichförmige Bewegungen — 109
Durchschnittsgeschwindigkeit — 111
Projekt So schnell sind Tiere, Menschen,
Autos und Raketen — 112
Ein Blick in die Geschichte
Geschwindigkeitsmessung in Knoten — 113
Ein Blick in die Technik
Reisen früher und heute — 114
Ein Blick in die Natur
Geschwindigkeiten im Weltall — 115
Umwelt Geschwindigkeiten in Natur und
Technik — 116
Aufgaben — 118
Zusammenfassung — 118

Register — 119

Denk- und Arbeitsweisen in der Physik

Von Zeit zu Zeit kann man am Himmel eine besonders auffällige Erscheinung beobachten – einen Kometen. Schon vor tausenden von Jahren bestaunten die Menschen diese „Schweifsterne". Aber ihr Staunen war auch mit Ängsten verbunden, weil sie sich nicht erklären konnten, wie es zu diesen Erscheinungen kam.

Die Menschen deuteten die Kometen als Unglücksboten und Zorn der Götter, genauso wie Blitze und Donner, Stürme, Sonnen- und Mondfinsternisse oder Überschwemmungen.

Stärker als die Angst war die Neugier und der Wunsch, die Natur zu begreifen. Durch genaues Beobachten gelang es, für viele Vorgänge in der Natur Erklärungen zu finden.

Das Wort „Physik" wurde von dem griechischen Wort für Natur „physis" abgeleitet.

6 Physik ist überall

Wenn du deine Umwelt aufmerksam beobachtest, dann fallen dir viele interessante Erscheinungen auf:

Ein Blitz kann bei einem Gewitter den Nachthimmel taghell erscheinen lassen.
Wie kommt es zu Blitz und Donner?

Mit Musikinstrumenten lassen sich unterschiedliche Klänge erzeugen.
Wie kommen sie zustande?

Auf einer glatten Wasseroberfläche spiegeln sich die Bäume und Berge. Wie entstehen diese Spiegelbilder?

Physik ist überall

Dieser Ballon steigt nur durch heiße Luft auf. Wie ist das möglich?

Auf dem Wasser schwimmt ein großes Schiff aus schwerem Stahl.
Warum geht es nicht unter?

Auf alle diese Fragen kann dir die Physik eine Antwort geben.
Die Physik ist die Naturwissenschaft, die Erscheinungen und Vorgänge in der Natur beschreibt und erforscht. Viele Ergebnisse werden in der Technik angewandt. Andererseits sind technische Geräte die Voraussetzung für viele physikalische Entdeckungen.

Die Physik wird in folgende Teilgebiete gegliedert:

Die **Wärmelehre** beschäftigt sich mit der **Wärme** und mit der **Temperatur**.

Die **Optik** handelt vom **Licht** und vom **Sehen**.

In der **Mechanik** werden **Bewegungen und Kräfte** sowie die **Eigenschaften von Körpern** untersucht.

Die **Elektrizitätslehre** handelt von **elektrischen Ladungen** und vom **elektrischen Strom**.

In der **Atom- und Kernphysik** werden die **kleinsten Teilchen der Materie** untersucht.

8 Vom Beobachten zum Messen

Sonnen- und Mondfinsternisse, Sonnenaktivitäten, Kometen, Sterne oder Planeten – das sind Beispiele für Erscheinungen, die Wissenschaftler mithilfe von Beobachtungen genau erforschen. Neben Erscheinungen, die zum Bereich der großen Dimensionen gehören, untersuchen die Wissenschaftler auch den Bereich der kleinen Dimensionen. Diesen erforschen sie beispielsweise mit einen Blick durch ein Mikroskop.

1

Beobachten

Einen großen Teil unseres täglichen Lebens bringen wir mit dem Beobachten von Personen, Gegenständen oder Vorgängen zu. Was wir unter Beobachten als eine naturwissenschaftliche Arbeitsweise verstehen, soll dir anhand von kleinen Aufträgen verdeutlicht werden.

AUFTRAG 1
Setz dich bequem hin und schließe deine Augen.
Lass dir Zeit und höre einfach zu.

Wenn du lange und geduldig zuhörst, wirst du immer mehr Geräusche wahrnehmen. Du wirst auch Geräusche bemerken, auf die du sonst nie geachtet hast: das Zwitschern der Vögel, das Hupen eines Autos, das Zerknüllen von Papier, die Schritte einer sich nähernden Person oder sogar deinen Atem. Unsere Welt ist voll von verschiedenen Geräuschen, du musst nur genau hinhören!

2

AUFTRAG 2
Lasse jetzt deine Augen geöffnet und halte deine Ohren fest zu. Nimm dir wieder Zeit und beobachte, was um dich herum geschieht.

Dabei wird dir auffallen, wie leer die Welt ohne Geräusche erscheint. Mit den Augen nehmen wir viel mehr wahr als mit den Ohren.
Neben dem Hören und dem Sehen gibt es weitere Möglichkeiten, die Umwelt wahrzunehmen. Wollen wir wissen, wie sich die Wärme in der Nähe einer brennenden Kerze ausbreitet, können wir unsere Hände benutzen.

Vom Beobachten zum Messen 9

AUFTRAG 3
Nähere eine Hand langsam und vorsichtig aus verschiedenen Richtungen einer Kerzenflamme. (Vorsicht Verbrennungsgefahr!)

Je näher wir dabei der Flamme kommen, umso wärmer wird es. Vor allem oberhalb der Kerzenflamme können wir die Wärme besonders gut spüren.

AUFTRAG 4
Verpacke in einem blickdichten Beutel verschiedene Gegenstände oder Spielzeug. Deine Mitschülerinnen oder Mitschüler sollen nur durch Tasten heraus finden, um welche Gegenstände es sich handelt.

Diese kleinen Versuche zeigen, dass unsere Sinnesorgane – das Auge, das Ohr, die Nase, der Mund und die Hand – uns helfen, die Umwelt wahrzunehmen. Willst du jedoch mehr über eine Erscheinung, in der Physik auch als Phänomen bezeichnet, herausfinden, dann musst du genau beobachten. Du musst die Vielfalt einer Erscheinung mithilfe der Sinnesorgane erfassen.

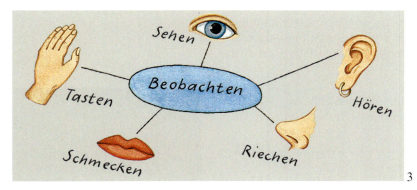

In der Physik und in den anderen Naturwissenschaften, gehört das Beobachten zu den wichtigsten Arbeitsweisen.

Unter Beobachten versteht man das Wahrnehmen von naturwissenschaftlichen Erscheinungen mithilfe der Sinnesorgane.

Beispiele für Beobachtungen in der Physik sind:
– das Hören von Geräuschen,
– das Empfinden von warm und kalt,
– das Riechen von Düften,
– das Sehen von Farben und Ereignissen.

Der Geschmackssinn wird aus Sicherheitsgründen nicht genutzt.

Beschreiben

Neben dem genauen Beobachten einer Erscheinung ist es in den Naturwissenschaften wichtig, Anderen seine Beobachtungen mitzuteilen. Deshalb ist es notwendig, die Beobachtungsergebnisse zu beschreiben.

Sicherlich kennst du eine Duftlampe, wie sie im Bild 1 zu sehen ist. Über der Kerze befindet sich eine Schale mit Wasser. Je nach Wunsch wird dem Wasser ein bestimmtes Öl – zum Beispiel Rosenöl oder Melissenöl – zugegeben.

> **AUFTRAG 5**
> Zünde die Kerze an und beobachte ein paar Minuten. Benutze dazu verschiedene Sinnesorgane.
> Beschreibe einer Mitschülerin oder einem Mitschüler deine Beobachtungen.

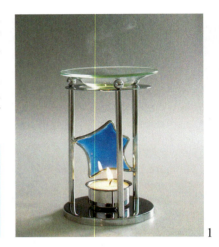
1

Das Wahrnehmen mit den Händen hast du bereits in Auftrag 3 durchgeführt. Dabei bist du wahrscheinlich zu einem Ergebnis gekommen, wie es in Bild 2 dargestellt ist.

Du kannst ein Bild (eine Skizze) mit deinen Beobachtungsergebnissen anfertigen. Eine andere Möglichkeit ist das Formulieren der Beobachtungsergebnisse mit Worten. Das kann schriftlich oder mündlich erfolgen.

Neben der Wärmeausbreitung an der brennenden Kerze kann noch mehr wahrgenommen werden. Nach einiger Zeit kannst du sehen, wie in der Flüssigkeit Bläschen aufsteigen. Kurz danach wirst du den Duft des Öles riechen.

2

> Unter Beschreiben versteht man die geordnete Wiedergabe von Beobachtungsergebnissen. Dies kann in Form von Worten oder durch Bilder erfolgen.

In der Physik beobachten und beschreiben wir naturwissenschaftliche Erscheinungen. Das Beobachten und das Beschreiben gehören zu den wichtigen Arbeitsweisen, mit denen eine Wissenschaftlerin oder ein Wissenschaftler zu Erkenntnissen gelangt.

Verschiedene Beobachter können ein und dasselbe Ereignis sehr unterschiedlich wahrnehmen und beschreiben. Deshalb ist es wichtig, die Beobachtung mit einer genauen Fragestellung zu verbinden.

3

> **AUFTRAG 6**
> Betrachte das nebenstehende Bild unter folgenden Fragestellungen:
> 1. Welcher Vorgang ist hier dargestellt?
> 2. Beschreibe die Farben der abgebildeten Gegenstände.
> 3. Vergleiche den dargestellten Vorgang mit Ereignissen aus deinem alltäglichen Leben.

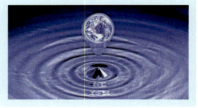
4

Vom Beobachten zum Messen

Zuerst wird dir auffallen, dass ein Tropfen direkt auf eine Wasseroberfläche trifft und dabei Wasser nach oben spritzt. Ein weiterer Tropfen fällt noch.
Die Farben und die Form der Wassertropfen werden dich wahrscheinlich irritieren. Fallende Wassertropfen im Alltag sehen anders aus. Im fallenden Wassertropfen kannst du eine Erdkugel erkennen. Welche Bedeutung hat diese nicht alltägliche Beobachtung für die Arbeit der Naturwissenschaftler?
Eine genaue Fragestellung ist wichtig, damit wir die wesentlichen von den unwesentlichen Beobachtungen unterscheiden können.

Du hast sicherlich schon beobachtet, wie Gegenstände zu Boden fallen. Wenn du das Fallen eines Apfels beschreiben willst, kannst du die Farbe und den Geschmack des Apfels vernachlässigen. Sie sind unwichtig für das Fallen. Man konzentriert sich auf wesentliche Vorgänge, zum Beispiel, wie lang dauert es, bis der Apfel den Boden erreicht.

In der Physik wird immer zielgerichtet und mit einer konkreten Fragestellung beobachtet. Beim Beschreiben konzentriert man sich auf das Wesentliche. Eigenschaften, die die physikalische Erscheinung nicht beeinflussen, werden außer Acht gelassen.

1

Vergleichen und Ordnen

In einer Bibliothek werden Bücher, CDs oder Videos in Regalen aufbewahrt (Bild 2). Wie gelingt es, ein gesuchtes Buch schnell zu finden? Nach welchen Merkmalen wurden die Bücher in die Regale einsortiert? In der Regel wird man die Bücher nach Sachgebieten bzw. Themen ordnen. Es gibt aber auch Menschen, die ihre Bücher nach Farben oder nach der Größe ordnen. Vielleicht fallen dir weitere Möglichkeiten ein, wie man Bücher noch ordnen kann?

2

Auch in den Naturwissenschaften werden Erscheinungen nach bestimmten Eigenschaften geordnet. Merkmale, nach denen wir Gegenstände oder auch Vorgänge ordnen können, sind zum Beispiel die Farbe, die Form, die Größe, die Masse oder die Dauer eines Vorgangs.
Wichtig ist, dass wir zuerst ein wesentliches Merkmal auswählen. Dann vergleichen wir die Gegenstände und können sie nach diesem Merkmal ordnen.

> **AUFTRAG 7**
> Betrachte Bild 1. Wähle wichtige Merkmale der dargestellten Körper aus. Vergleiche die Gegenstände hinsichtlich des ausgewählten Merkmals und ordne sie.

1

Das Ordnen ermöglicht dir auch die Gegenstände nach bestimmten äußeren Merkmalen und physikalischen Eigenschaften zu klassifizieren.

> In der Physik ordnet man Gegenstände und Vorgänge nach wesentlichen Merkmalen. Die Auswahl der Eigenschaften hängt von der Fragestellung ab, unter der man beobachtet.

Physikalische Größen

Aus dem Mathematik- und Sachkundeunterricht sind dir schon einige dieser Merkmale als Größen bekannt. Auch in der Physik werden Größen – **physikalische Größen** – verwendet.
Mithilfe der physikalischen Größen kannst du Gegenstände und Vorgänge miteinander vergleichen und sie entsprechend ordnen.
In der Tabelle sind einige dir bekannte physikalische Größen zusammengestellt.
Physikalische Größen werden immer als Produkt aus Zahlenwert und Einheit geschrieben:

Physikalische Größe = Zahlenwert × Einheit

Physikalische Größe	Einheit
Länge	Meter (m)
Volumen	Kubikmeter (m^3)
Masse	Kilogramm (kg)
Zeit	Sekunde (s)
Temperatur	Grad Celsius (°C)

> **AUFTRAG 8**
> 1. Nimm fünf verschiedene Gegenstände und ordne diese danach
>   a) wie schwer sie sind und b) wie groß sie sind (Volumen).
>   Benutze dazu keine Hilfsmittel, sondern schätze ab!
> 2. Ordne die folgenden Bewegungen danach, wie schnell sie ablaufen:
>   Sprint eines Leoparden, Sprint eines Löwen, Sprint einer Gazelle, Sprint eines Menschen.

Vom Beobachten zum Messen

Beispiele für physikalische Größen bei einem menschlichen Körper

Interessante Informationen erhält man, wenn der menschliche Körper hinsichtlich ausgewählter physikalischer Größen betrachtet wird:
Das Blutvolumen eines erwachsenen Menschen der Masse 78 kg beträgt etwa 6 dm^3 (6 l).
Ein Tropfen (0,02 ml) seines Blutes enthält etwa 5 000 000 rote und 10 000 weiße Blutkörperchen.
Die Länge aller seiner Blutgefäße beträgt etwa 100 000 km.
Das Herz eines gesunden erwachsenen Menschen schlägt etwa 72-mal in 1 min.
Pro Herzschlag werden 100 ml Blut durch den Körper gepumpt.
Die Körpertemperatur eines gesunden Menschen beträgt 37 °C.

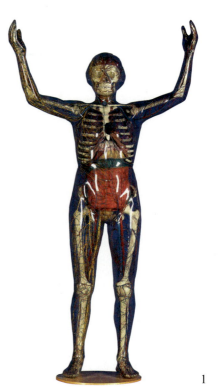

Messen

Morgens beim Aufstehen und einem Blick aus dem Fenster stellt sich jedem die Frage: Was ziehe ich heute an – ein T-Shirt oder einen Pullover? Brauche ich eine dicke Jacke oder sogar Mütze und Handschuhe? Der Wetterbericht hilft bei dieser Entscheidung. Dort werden Voraussagen über Temperaturen gemacht.

Messen von Temperaturen. Jeder Mensch empfindet mit seiner Haut Temperaturen. Die Haut verfügt über verschiedene Sinneszellen (Wärmekörperchen und Kältekörperchen).

> **AUFTRAG 9**
> Ordne verschiedene Gegenstände aus eurer Wohnung – wie zum Beispiel Löffel, Plastiklineal, Blatt Papier, Glas, Holzkugel, ... – danach wie warm sie erscheinen. Verwende nur deine Hände (die Handrücken eignen sich hierzu besonders gut). Trage die Gegenstände in eine Tabelle ein. Beginne mit dem kältesten.

Du wirst feststellen, dass der Metalllöffel und das Glas kälter empfunden werden als die Holzkugel oder das Plastiklineal. Diese wirken kälter als das Blatt Papier. Durch dein Temperaturempfinden bist du nun in der Lage, Gegenstände von warm bis kalt zu ordnen.

> **AUFTRAG 10**
> Bestimme die Temperatur vom Löffel, Plastiklineal, Blatt Papier, Glas, Holzkugel, ... mit einem Thermomessfühler. Was stellst du fest?

Gegenstand	Temperatur

Alle Gegenstände besitzen die gleiche Temperatur, obwohl du mit deinen Händen Temperaturunterschiede gefühlt hast. Deine Sinnesorgane haben dich getäuscht. Denn alle Gegenstände, die sich eine längere Zeit in demselben Zimmer befinden, haben die gleiche Temperatur. Da unsere Haut etwas anderes fühlt, geben nur Messungen mit geeigneten Geräten die wirkliche Temperatur der Gegenstände an.

14 Denk- und Arbeitsweisen in der Physik

Messen von Längen. Für dein Zimmer darfst du dir ein neues Bett aussuchen. Jedoch wie groß soll es sein und wo soll es stehen? Da nun das von dir ausgesuchte Bett sehr groß ist, ist es wichtig, einen geeigneten Platz dafür zu suchen. Du kannst es zu den verschiedenen Stellen in deinem Zimmer schieben, von denen du glaubst, dass genügend Platz zur Verfügung steht. Aber da wirst du bald ins Schwitzen kommen. Einfacher ist es, den Platz auszumessen. Was machen wir, wenn wir Längen messen?

Um einen geeigneten Platz für das Bett zu finden, führst du eine Längenmessung durch. Am sinnvollsten ist es hier als Maßstab ein Bandmaß bzw. einen Zollstock zu benutzen. Auf diesen Geräten sind festgelegte Einheiten abgetragen. Nehmen wir nun einmal an, dass dein Zollstock eine Länge von 1 m besitzt. Wenn du bei deinem neuen Bett diese Einheit von 1 m zweimal aneinander reihen kannst, dann beträgt die Länge des Bettes 2 m. Somit hast du für die Länge deines Bettes einen Zahlenwert ermittelt. Die zu untersuchende Länge hast du dabei mit einer festgelegten Einheit, in deinem Falle „1 m", verglichen.

Eine andere Möglichkeit, die Länge deines Bettes zu ermitteln, ist das Ausmessen mit den Füßen. Nehmen wir einmal an, deine Füße sind jeweils 25 cm lang. Dann wird dein Bett 8 Fußlängen lang sein. Mit einer solchen Vorgehensweise kannst du ebenfalls schnell einen geeigneten Platz für dein Bett finden.

> **AUFTRAG 11**
> Bestimmt von allen Schülerinnen und Schülern eurer Klasse
> 1. die Körperlänge in Meter,
> 2. die Größe der Füße in Zentimeter,
> 3. die Länge des Unterarms in Zentimeter.
> Ordne alle Schüler nach den genannten Merkmalen.

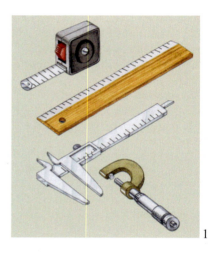

1

Es gibt viele verschiedene Geräte zur Längenmessung (Bild 1). Alle besitzen einen **Messbereich.** Er geht aus der ersten und der letzten Marke seiner Skala hervor. Ein Lineal hat z. B. einen Messbereich von 1 mm bis 20 cm.

Wollen wir Längen unterhalb von wenigen Millimetern bestimmen, benutzen wir entweder eine Mikrometerschraube oder einen Messschieber. Bei einer Mikrometerschraube beginnt der Messbereich bei 0,01 mm, bei einem Messschieber bei 0,1 mm.

Vom Messbereich hängt es ab, welches Gerät man zum Messen einer Länge auswählt. Wenn du den Durchmesser eines Bleistiftes mit einem Messschieber ermittelst, dann wird die **Messgenauigkeit** im Vergleich zum Lineal höher sein, weil er sich auf 0,1 mm genau ablesen lässt.

Schon gewusst?

Erst vor 200 Jahren einigte man sich auf eine Längeneinheit, die überall in der Welt benutzt werden sollte – das Meter. Bis zu diesem Zeitpunkt gab es in den verschiedenen Ländern unterschiedliche Längenmaße. Das *Urmeter* lagert noch heute in einem Tresor in der Nähe von Paris (Bild 2).

2

Vom Beobachten zum Messen

Messen von Zeiten. Eine andere physikalische Größe, die ebenfalls dein Leben bestimmt, ist die Zeit. Du kennst sicherlich eine Vielzahl von Geräten, mit denen man die Zeit messen kann wie zum Beispiel: die Sanduhr in der Sauna, die Standuhr im Wohnzimmer, die Stoppuhr deines Sportlehrers oder deine Armbanduhr.
Zeiten können jedoch auch auf anderem Wege ermittelt werden. So entspricht die vollständige Drehung der Erde um ihre Achse einem Tag. Ein vollständiger Erdumlauf um die Sonne beschreibt die Dauer eines Jahres. Sowohl ein Tag (1 d) oder ein Jahr (1 a) sind Einheiten der Zeit. Weil die Dauer vieler Vorgänge kürzer ist, hat man den Tag in die kleineren Einheiten Stunde (h), Minute (min) und Sekunde (s) geteilt.
Es ist auch denkbar, die gleichförmige Drehung eines Rades, die Hin- und Herbewegung eines Pendels oder das gleichmäßige Tropfen aus einem Wasserhahn zur Zeitmessung zu verwenden.
Zur Messung der physikalischen Größe Zeit kannst du jeden sich wiederholenden und immer gleich lange dauernden Vorgang verwenden. Die Dauer eines solchen periodischen Vorganges wird als Einheit festgelegt. Die Messvorschrift besteht darin, die unbekannte physikalische Größe Zeit mit dieser Einheit zu vergleichen. Es muss gezählt werden, wie oft er sich wiederholt. Diesen Zählvorgang übernehmen für dich die Uhren als Messgeräte der Zeit. Sie besitzen ebenfalls unterschiedliche Messbereiche und Messgenauigkeiten.

1

Messen heißt Vergleichen. Das Messen ist dadurch gekennzeichnet, dass immer ein Vergleich der Eigenschaften des Gegenstandes oder des Vorganges mit der festgelegten Einheit einer physikalischen Größe erfolgt. Wichtig ist, dass dem Messen stets ein Schätzen vorausgeht. Es ermöglicht eine schnelle und sinnvolle Auswahl des geeigneten Messgerätes.
Als Hilfsmittel zur Erfassung, Speicherung und Auswertung von Messwerten gewinnt der Computer immer mehr an Bedeutung.

> Unter Messen versteht man das Erfassen der physikalischen Eigenschaften eines Vorganges oder eines Gegenstandes.
> Man verwendet spezielle Messgeräte.

Experimentieren

Über Winter hat das Schiff im Trockendock gelegen. Im Frühjahr wird es – mit einem neuen Farbanstrich versehen – wieder ins Wasser gelassen (Bild 2).
Beim Eintauchen kann man beobachten, wie das Schiff Wasser verdrängt. Dadurch steigt der Wasserspiegel im See ein wenig an. Das kann man jedoch nur schlecht erkennen.
Um einen solchen Vorgang wie die Verdrängung einer Flüssigkeit genauer zu untersuchen, führen die Physiker Experimente durch. Anstelle des Sees würden sie eine Wanne mit Wasser verwenden und statt des Schiffes einen kleinen festen Körper.

2

Denk- und Arbeitsweisen in der Physik

> Das Experimentieren gehört zu den wichtigsten physikalischen Arbeitsweisen.

Bei einem Experiment werden Vorgänge in der Natur unter vereinfachten und genau festgelegten Bedingungen nachvollzogen. Dazu ist es notwendig, das Experiment sorgfältig zu planen. Die Vermutung über den Ausgang des Experiments, die gewissenhafte Beobachtung und die Beschreibung der Erscheinungen sind Voraussetzungen für das Erkennen von physikalischen Zusammenhängen. Wie du schon weißt, muss man beim Beobachten Wesentliches von Unwesentlichem unterscheiden.

Beim Beschreiben heißt es dann, den beobachteten physikalischen Sachverhalt in geordneter Folge darzustellen. In vielen Fällen reicht die Beobachtung allein nicht aus, um Zusammenhänge zu untersuchen. Dann müssen auch Messungen durchgeführt werden. Die Auswertung des Experiments gibt dann Auskunft über die untersuchten physikalischen Zusammenhänge.

Führe die folgenden Experimente durch, beobachte und beschreibe!

EXPERIMENT 1
Betrachte dich in der hohlen Seite eines Löffels. Drehe den Löffel um und betrachte dich in der gewölbten Seite (Bild 1)!
Beschreibe deine Beobachtungen.

EXPERIMENT 2
Fülle eine Flasche halbvoll mit Wasser und blase zunächst schwach und anschließend kräftig über die Öffnung (Bild 2). Wiederhole es mit einer anderen Flüssigkeitsmenge. Was hörst du?

EXPERIMENT 3
Schreibe deinen Namen auf einen Zettel und versuche ihn mithilfe eines Spiegels zu lesen.
Was stellst du fest?

EXPERIMENT 4
Ziehe über eine leere Flasche einen Luftballon. Stelle die Flasche zunächst auf einen Heizkörper und anschließend in den Kühlschrank (Bild 4). Was beobachtest du?

Vom Beobachten zum Messen

AUFGABEN

1. Fülle in einen Wasserkocher 0,5 Liter kaltes Wasser. Notiere genau, was du vom Einschalten bis zum Ausschalten des Kochers beobachtest!
2. Stell dir vor, du bist Meteorologe und sollst Auskunft über das Wetter geben. Das heißt, du musst das Wetter über mehrere Tage unter verschiedenen Fragestellungen beobachten.
   a) Beobachte das Wetter über zwei Tage hinweg, ob und wie lang die Sonne scheint! Notiere deine Ergebnisse!
   b) Beobachte das Wetter über sieben Tage hinweg, ob Niederschlag fällt!
   c) Überlege dir eine weitere Fragestellung, unter der du das Wetter über eine Woche hinweg beobachten kannst!
3. Nimm fünf verschiedene Gegenstände (einen Apfel, ein Heft, einen Füllhalter, einen Radiergummi, einen Stein). Ordne diese Gegenstände
   a) nach ihrem Volumen und b) nach ihrer Masse! Schätze die Größen ab und notiere deine Ergebnisse in einer Tabelle!
4. Nimm fünf von deinen Schulbüchern. Ordne sie nach von dir gewählten Merkmalen!
5. Welche Messgeräte benutzt ihr zu Hause und welche physikalischen Größen messt ihr damit?
6. Wie viel Blut befördert das Herz eines Erwachsenen an einem Tag durch den Körper?
7. Welche Körpertemperatur hast du am Morgen und welche am Abend? Unterscheiden sich diese?
8. a) Nenne Thermometerarten, die du zu Hause hast!
   b) Welche höchste und welche niedrigste Temperatur kann man damit messen?
   c) Wie viel Grad Celsius bedeutet jeweils der Abstand zwischen zwei benachbarten Strichen auf der Skala?
   d) Wie begründest du die Unterschiede bei den Messbereichen dieser Thermometer?
9. Die Erde hat am Äquator einen Umfang von rund 40 000 km. Wie viele Male könnte man die Blutgefäße eines Erwachsenen um den Äquator legen?
10. Miss, wie lange du für deinen Schulweg benötigst!
11. Baue dir aus einer Kerze ein Gerät, mit dem du Zeiten messen kannst! Bestimme anschließend den Messbereich dieses Gerätes!
12. Miss die Länge und Breite
    a) deines Schulhofes,
    b) deines Klassenzimmers mit verschiedenen Messgeräten!
13. Als Meteorologe sollst du Auskunft über den Temperaturverlauf geben.
    a) Miss regelmäßig die Temperatur an ein und demselben Ort über einen Zeitraum von zwei Tagen! Notiere die Daten!
    b) Miss zur gleichen Zeit die Temperatur in der Sonne und im Schatten. Was stellst du fest?
    c) Stelle eine Vorschrift zur Messung der Lufttemperatur auf!

ZUSAMMENFASSUNG

Unter Beobachten versteht man das Wahrnehmen von naturwissenschaftlichen Erscheinungen mithilfe der Sinnesorgane.

Beobachtungen werden immer zielgerichtet und mit einer konkreten Fragestellung durchgeführt. Bei der Beschreibung konzentriert man sich auf wesentliche Eigenschaften.

Unter Messen versteht man das Erfassen der physikalischen Eigenschaften eines Vorganges oder eines Gegenstandes.

Eine wichtige Methode, um Erkenntnisse zu gewinnen, ist das Experiment.

Physikalische Modelle

Im Leben spielen Modelle eine große Rolle. Will dir dein Vater etwas erklären, zeigt er dir vielleicht ein Foto oder macht eine Zeichnung. Von manchen Dingen habt ihr zu Hause auch verkleinerte Darstellungen. So können dir das Modell eines Flugzeuges oder eines Autos und die Modelleisenbahn helfen, wenn du bestimmte Zusammenhänge verstehen möchtest.

Vereinfachen und auswählen

Bisher hast du physikalische Erscheinungen nur beobachtet und beschrieben. Mit Messgeräten hast du die Eigenschaften von Gegenständen ermittelt und dann geordnet.
Es ist eine der wichtigsten Aufgaben der Physik, die Erscheinungen auch zu erklären, nach Ursachen und Begründungen zu forschen.

> **EXPERIMENT 1**
> Nimm eine leere Weinflasche. Die Öffnung darf nur so groß sein, dass du sie mit einer 1-Euro-Münze oder einer 2-Euro-Münze abdecken kannst. Befeuchte den Rand der Weinflasche und lege die Münze auf die Öffnung. Stelle anschließend die Weinflasche vorsichtig in eine Schlüssel mit warmen Wasser. Beobachte, was geschieht!

Nach kurzer Zeit hebt und senkt sich die Münze – sie tanzt auf der Öffnung. Die Bewegung der Münze ist mit einem Geräusch verbunden. Aber warum bewegt sich die Münze auf der Weinflasche? Welche Ursache können wir für den Tanz der Münze finden?

Bei der Suche nach den Gründen für die Bewegung der Münze hilft uns eine weitere physikalische Methode: Die Konstruktion eines Modells. Wissenschaftler bedienen sich oft dieser Methode. Komplizierte Dinge kann man sich mithilfe von Modellen veranschaulichen. Modelle helfen uns bei der Erklärung unserer Beobachtungen sowie beim Verstehen von Zusammenhängen.

Physikalische Modelle

Auch du hast schon im Sachkundeunterricht mit Modellen gearbeitet. Zu Hause hast du mit Modellen gespielt. Die Bilder 1–3 zeigen solche Modelle.

1 2 3

An deinem Spielzeug ist wichtig, dass es vom Aussehen her der Wirklichkeit ähnelt. Tiermodelle sollen dem lebendigen Tier gleichen. Spielzeugauto, Puppenhaus und Teddy veranschaulichen Gegenstände oder Lebewesen aus unserer Umwelt. Sie sind die Modelle von einem realen Gegenstand. Zu jedem Modell gehört dann auch ein Originalgegenstand.

4

Was kannst du feststellen, wenn du Original und Modell miteinander vergleichst? Beim Modell- und beim Originalauto haben beide die gleiche Farbe oder Form. Anders sieht es aus, wenn wir den Motor, das Getriebe und weitere technische Details betrachten. Das Modellauto ist viel kleiner und leichter als das Original.
Dieses Beispiel zeigt das Wesentliche von Modellen.

> Ein Modell ist immer eine Vereinfachung. Es besitzt nur bestimmte, wesentliche Eigenschaften des Originals.
> Modelle können Eigenschaften besitzen, die das Original nicht hat.

5

AUFTRAG 1
Auch ein Puppenhaus ist ein Modell. Welche Gemeinsamkeiten und Unterschiede bestehen zwischen dem Puppenhaus und einem richtigen Haus?

Gegenständliche Modelle werden auch für den wissenschaftlichen Bereich benötigt. Hier werden Modelle immer für einen bestimmten Zweck gebaut.

AUFTRAG 2
Einen Globus kennst du aus dem Sachkundeunterricht. Er ist ein Modell unserer Erde.
Welchen Zweck erfüllt der Globus?

Ein Globus hilft dir dabei, Vorstellungen über die Erde zu entwickeln. Du erfährst etwas über die Lage und die Größe der Kontinente und Ozeane. Ein Globus soll dir unsere Erde veranschaulichen.
Neben der Darstellung des Aussehens von Gegenständen haben Modelle noch eine weitere Funktion: Sie helfen bei der Veranschaulichung von Vorgängen und Funktionen.
Aus dem Biologieunterricht kennst du solche Funktionsmodelle (Bild 2).

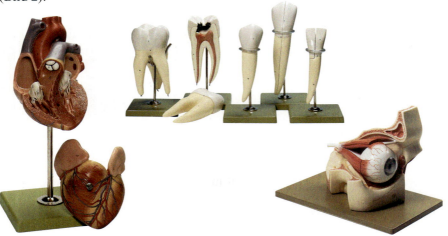
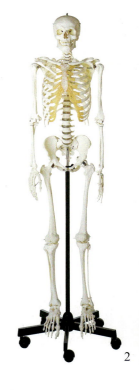

Diese Modelle wurden nach den originalen menschlichen Organen gebaut und dienen zur Veranschaulichung bestimmter biologischer Vorgänge.

In der Physik versucht man mithilfe von Modellen Erscheinungen zu erklären. Das Auswählen und das Vereinfachen gehören zu den wichtigen physikalischen Arbeitsweisen.

> Ein Modell ist immer das Abbild eines Originals.
> Ein Modell wird stets für einen bestimmten Zweck erstellt.

Zuerst muss entschieden werden, für welchen Zweck das Modell genutzt werden soll. Danach kann man entscheiden, welche Merkmale beim Modell und seinem Original übereinstimmen sollen.
Man wählt bestimmte Merkmale aus und vereinfacht das Original bei der Erstellung des Modells.

Physikalische Modelle

Vermuten

Beim Erforschen der Natur wirst du interessante Erscheinungen beobachten, die du manchmal nicht verstehen wirst, weil du wichtige Details nicht erkennen kannst.
In diesem Fall helfen dir Vermutungen oder Annahmen weiter.

EXPERIMENT 2
Nimm einen Karton und lege folgende Gegenstände hinein:
- einen Stein, eine Kugel, eine kleine Holzplatte,
- ein durchsichtiges Röhrchen, welches du mit Wasser füllst und
- ein undurchsichtiges Röhrchen, welches du mit Steinchen oder Sand füllst.

Lass dir von zwei Schülerinnen oder Schülern die Gegenstände im Karton beschreiben! Notiere die Beschreibungen!

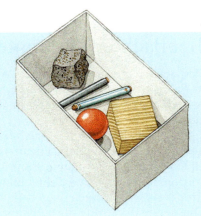

Gegenstände aus der Alltagswelt lassen sich leicht beschreiben. Schwieriger wird es, wenn man das mit Wasser gefüllte Röhrchen betrachtet. In diesem Fall kann nur beobachtet werden, dass es sich um ein Röhrchen mit einer durchsichtigen Flüssigkeit handelt. Um heraus zu bekommen, welche Flüssigkeit sich im Inneren des Röhrchens befindet, müssen weitere Untersuchungen durchgeführt werden. Noch schwieriger ist das Beschreiben des undurchsichtigen Röhrchens.
Das undurchsichtige Röhrchen stellt eine Black-Box dar. Nur durch das Schütteln des undurchsichtigen Röhrchen kann eine Vermutung über dessen Inhalt getroffen werden. In Gedanken entwickelt der Beobachter Vorstellungen über das Innere des Röhrchens. Annahmen und Vermutungen führen zu einem Denkmodell.

> Annehmen und Vermuten sind wichtige physikalische Arbeitsweisen. Denkmodelle werden in der Physik durch Vermutungen aufgestellt, um Erscheinungen zu erklären.

Die Blackbox-Methode

Eine Blackbox ist ein undurchsichtiger Körper. Sein innerer Aufbau lässt sich nicht direkt beobachten. Man kann nur Vermutungen über seine innere Struktur aufstellen.
Nur durch systematische Untersuchungen, zum Beispiel durch Schütteln oder Bewegen der Box, kann man Vorstellungen über das Innere bekommen. Der Beobachter oder der Experimentator konstruiert ein Denkmodell über den Inhalt der Box. Je genauer die Box untersucht wird, umso besser können die Denkmodelle den Inhalt der Box beschreiben.

Ein solches Vorgehen findest du auch in der Physik, wenn Unbekanntes erforscht wird. In der Physik stößt man in vielen Bereichen an die Grenzen der direkten Beobachtung. Ein Wissenschaftler erstellt dann ein Denkmodell, welches beim Beschreiben, Erklären und bei der Gewinnung neuer Erkenntnisse hilft.

Beobachten, Vermuten und Erklären

Bei dem Experiment mit der Weinflasche im Warmwasserbad (s. S. 18) konntest du beobachten, wie sich die Münze bewegte und es „Klack" machte. Wir konnten aber noch nicht erklären, warum sich die Münze bewegt hat.

Einen ersten Erklärungsversuch finden wir, wenn wir unsere Beobachtung mit der von Experiment 4 auf Seite 16 vergleichen.

In beiden Fällen wird die Luft im Innern der Flasche erwärmt. Die warme Luft vergrößert ihr Volumen, sie dehnt sich aus. Dadurch drückt sie Münze nach oben bzw. bläst den Luftballon auf.

Diese erste Erklärung führt uns aber zum nächsten Problem. Warum dehnt sich Luft beim Erwärmen aus?

Hier hilft wieder die Konstruktion eines neuen, geeigneten Modells.

Denkmodell „Kleine Teilchen". Nehmen wir einmal an, die Luft und andere Stoffe bestehen aus kleinen Teilchen. Diese kleinen Teilchen bewegen sich ständig. Um zu klären, ob eine solche Vorstellung überhaupt sinnvoll ist, betrachten wir unterschiedliche Erscheinungen.

Zum Süßen von Tee nimmst du Kandiszucker oder Bienenhonig. Tee und Honig sind Flüssigkeiten. Kandiszucker ist ein fester Körper mit einer sehr regelmäßigen Form.

Haben diese sehr unterschiedlichen Körper auch Gemeinsamkeiten? Um das herauszufinden, kannst du in einem Experiment Zucker immer weiter zerkleinern.

Physikalische Modelle

EXPERIMENT 3
1. Schütte etwas Haushaltszucker auf eine Untertasse!
2. Betrachte den Zucker unter einer Lupe und vergleiche ihn mit Kandiszucker.
3. Zerdrücke den Zucker mit einem Teelöffel zu Pulver!
4. Betrachte den zerdrückten Zucker unter dem Mikroskop!
5. Löse einen kleinen Teil des Zuckers in einem Teelöffel Wasser auf!
6. Betrachte einen Tropfen der Lösung unter dem Mikroskop!

Haushaltszucker besteht aus kleinen Kristallen. Sie sind viel kleiner als die Kristalle von Kandiszucker. Beim Zerdrücken entstehen noch viel kleinere Kristalle. Du kannst den Zucker weiter zerteilen, indem du ihn in Wasser auflöst. Dann kannst du seine kleinsten Bausteine selbst unter dem Mikroskop nicht mehr erkennen. Sie sind aber noch da, das kannst du schmecken: Die Zuckerlösung ist süß.

Das Denkmodell „Kleine Teilchen" hilft dir wieder, die Ergebnisse des Experiments zu verstehen und zu erklären. In unserem Modell bestehen Wasser und Zucker aus kleinen Teilchen, die sich ständig bewegen. Das führt dazu, dass sich die Wasserteilchen zwischen die Zuckerteilchen schieben. Somit vermischen sich die Wasserteilchen und die Zuckerteilchen.

Die Annahme von sich bewegenden kleinen Teilchen ermöglicht es, Erscheinungen wie z. B. das Lösen von Stoffen in Wasser zu erklären.

Man kann Vorstellungen von der Bewegung der Teilchen mit einfachen Mitteln untersuchen. Man muss sich dabei nur etwas mehr Zeit lassen. Das folgende Experiment kannst du zu Hause durchführen.

EXPERIMENT 4
1. Fülle ein Marmeladenglas etwa zu einem Drittel mit Fruchtsaft, der eine kräftige Färbung besitzt!
2. Schneide aus Papier eine Kreisscheibe. Ihr Durchmesser soll etwas geringer sein als der Durchmesser der Öffnung des Marmeladenglases!
3. Lege die Papierscheibe auf den Fruchtsaft im Marmeladenglas!
4. Fülle langsam und vorsichtig das Glas fast vollständig mit Wasser auf! Lasse dazu das Wasser an einem Stab herablaufen, sodass es auf der Mitte der Kreisscheibe auftrifft!
5. Nimm die Scheibe heraus und verschließe das Glas mit einem Deckel! Stelle das Glas vorsichtig an einem ruhigen Ort auf und betrachte aller 2 Tage die Grenzschicht zwischen Fruchtsaft und Wasser!

Nach dem Modell bestehen Wasser und Fruchtsaft aus kleinen Teilchen. Das selbstständige Vermischen von Fruchtsaft- und Wasserteilchen zeigt, dass sich die Teilchen bewegen.

> EXPERIMENT 5
> Fülle in ein Glas warmes Wasser und in ein anderes Glas kaltes Wasser. Gib in beide Gläser ein paar Tropfen Tinte. Beobachte und beschreibe. Versuche mithilfe des Denkmodells „Kleine Teilchen" deine Beobachtung zu erklären?

Die Tinte verteilt sich unterschiedlich schnell. Im Glas mit dem kalten Wasser dauert es länger als im Glas mit warmen Wasser. Die Bewegung der Teilchen erfolgt unterschiedlich schnell. Die Teilchen des warmen Wassers bewegen sich schneller als die Teilchen des kalten Wassers. Dadurch vermischen sich Tinte und Wasser auch unterschiedlich schnell.

Die Beobachtungen in den Experimenten 4 und 5 kann man auch auf das Ausdehnen von Luft beim Erwärmen übertragen.
Auch Luft besteht aus Teilchen, die sich bewegen. Wird die Luft erwärmt, bewegen sich die Teilchen schneller. Für diese Bewegung benötigen die Luftteilchen immer mehr Platz. In der Flasche steht aber nur ein begrenzter Raum zur Verfügung. Die schnellen Luftteilchen drücken also die Münze hoch. Dabei entweicht Luft aus der Flasche. Wir beobachten den „Tanz der Münze".

> Denkmodell „Kleine Teilchen":
> 1. Alle Gegenstände bestehen aus kleinen Teilchen.
> 2. Die Teilchen sind in ständiger Bewegung.
> 3. Die Bewegung der Teilchen hängt von der Temperatur ab.

Anordnung und Bewegung der Teilchen in Luft

Unser Denkmodell, kann auch zur Erklärung vieler anderer Erscheinungen genutzt werden. Als Erster beobachtete der englische Botaniker ROBERT BROWN 1827 die Bewegung von Pollen im Wasser unter einem Mikroskop. Wie kommt diese Bewegung zustande? Um das zu erklären, kannst du als Modell Murmeln und einen Baustein benutzen.

> EXPERIMENT 6
> 1. Bringe etwa 20 Murmeln in einen flachen Pappkarton. Lege außerdem einen Baustein hinein!
> 2. Schüttle den Karton auf dem Tisch heftig hin und her!
> 3. Beobachte die Bewegung der Murmeln und des Bausteins!

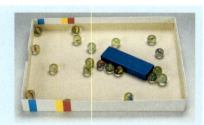

Physikalische Modelle — Projekt — 25

Blackbox – was steckt dahinter?

Baue eine eigene Blackbox, die du anschließend durch eine Mitschülerin oder einen Mitschüler untersuchen lässt.

1. Verwende für die Herstellung der Box eine kleine Schachtel aus Kunststoff.
2. Überlege dir den inneren Aufbau deiner Box.
   a) Sollen im Inneren verschiedene Gegenstände sein, die beim Bewegen unterschiedliche Geräusche machen, oder
   b) Soll sich im Inneren eine Kugel befinden, die auf eingeklebte Wände trifft?
3. Fertige eine Skizze an, nach der du dann deine Box bauen kannst.
4. Eine durchsichtige Box musst du noch nachträglich verkleiden, damit man nicht hineinsehen kann.

Tauscht in eurer Klasse die selbst gebauten Boxen aus. Versucht durch geeignete Untersuchungsmethoden – die Box darf nicht geöffnet werden – den Inhalt und den inneren Aufbau heraus zu finden.

Zu welchen Ergebnissen kommt ihr beim Experimentieren mit den Blackboxen?

1

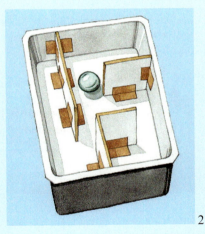
2

4

3

Denk- und Arbeitsweisen in der Physik

Umwelt

Aufsteigen des Wassers in Hohlräumen

Bestimmt hast du schon einmal einen Würfelzucker mit einer Ecke in den Tee eingetaucht. Dabei hat er sich schnell voll Tee gesaugt (Bild 1). In Bild 2 sind die 5 Glasröhrchen miteinander verbunden. Hier steht das Wasser in den rechts gelegenen Röhrchen jedoch viel höher als im linken! Die rechten Röhrchen sind dünner als das linke. Solche dünnen Röhrchen heißen Kapillaren. In ihnen steigt das Wasser von selbst auf. Diese Erscheinung nennt man Kapillarität.

Warum steigt das Wasser so hoch? Die Teilchen einer Flüssigkeit halten fest zusammen. In den Glasröhrchen haften die Flüssigkeitsteilchen außerdem an der Glaswandung. Die Anziehungskräfte zwischen den Teilchen eines Stoffes und zwischen den Teilchen verschiedener Stoffe sind die Ursachen der Kapillarität. Die Flüssigkeitsteilchen werden vom Glas angezogen: Deshalb steigt die Flüssigkeit an den Wänden etwas nach oben. Die Flüssigkeitsteilchen halten zusammen: Dadurch wird weitere Flüssigkeit nachgesaugt.

Kapillarität und Bodenbearbeitung. Durch den Regen und den Schnee im Winter ist der Boden fest geworden. Deshalb wird auf dem Feld und im Garten die oberste Erdschicht gelockert (Bilder 3 und 4). Warum ist diese Bodenbearbeitung gerade im Frühjahr so wichtig? Und warum ist es nicht notwendig, den Waldboden aufzulockern (Bild 5)?

Im Winter und im Frühjahr hat sich der Boden durch Schnee und Regen mit Wasser voll gesaugt. Durch die Last von Schnee und Eis ist die obere Schicht des Erdbodens fest. Im Frühjahr und im Sommer trocknen Wind und Sonne den Erdboden aus. Dabei wirken die kleinen Hohlräume in der Erde wie Kapillaren. Ständig steigt Wasser aus den tieferen Bodenschichten durch die Kapillaren nach oben (Bild 6a). Durch Sonne und Wind geht dieses Wasser für die Pflanzen verloren. Deshalb muss die Oberfläche des Erdbodens gelockert werden. Dadurch werden die Kapillaren im Boden zerstört (Bild 6b).

Im Wald liegt eine lockere Laubschicht auf dem festen Boden. Die Hohlräume zwischen den Blättern sind dabei so groß, dass das Wasser nicht bis zur Oberfläche gelangen kann. Deshalb braucht der Erdboden im Wald und in Hecken nicht gelockert zu werden. In Hecken, unter Sträuchern und Bäumen sollte man die Laubschicht nicht entfernen. Dadurch erhält man auch den Lebensraum für viele Tiere, vor allem für Würmer und Insekten.

Physikalische Modelle

Kapillarität und Wachstum der Pflanzen. Die Wurzeln der Pflanzen nehmen ständig Wasser mit Nährstoffen aus dem Boden auf. Die engen Hohlräume im Erdboden bewirken, dass infolge der Kapillarität neues Wasser mit Nährstoffen zu den Wurzeln gelangt.
Die Kapillarität trägt auch mit dazu bei, dass das nährstoffhaltige Wasser in den Pflanzen von den Wurzeln über den Stängel zu den Blättern gelangt. Im Bild 1 sind die langgestreckten Gefäße im Stängel einer Pflanze gut zu erkennen, in denen Wasser und Nährstoffe aufsteigen.

Kapillarität und Häuserbauen. Die Fundamente von Häusern und anderen Bauwerken bestehen aus Beton, Ziegeln oder anderen Steinen. In all diesen Stoffen gibt es kleine Hohlräume.
Damit die Feuchtigkeit nicht in die Fundamente eindringen und in den Wänden aufsteigen kann, werden diese isoliert. Das erfolgt durch einen Anstrich mit Teer und das Anbringen von Wasser undurchlässigen Sperrschichten. Der Anstrich verschließt die Poren im Mauerwerk. Dadurch kann kein Wasser eindringen (Bild 2).

Außenisolierung eines Fundaments

Sanierung von Altbauten. In alten Häusern ist oft diese Sperrschicht defekt. So kann die Feuchtigkeit des Erdreiches in das Fundament eindringen und in den Wänden aufsteigen, die Wände werden feucht. Für die Menschen ist das nicht gesund. Krankheiten der Atemwege (Asthma) und der Gelenke (Rheuma) sind häufige Folgen. Solche Bauten müssen saniert werden. Dazu muss das Fundament des Hauses aufgegraben und neu verputzt werden. Nach dem Austrocknen versieht man es mit einem Wasser undurchlässigen Anstrich und umgibt es mit einer Wasser sperrenden Folie. Danach werden die Außenwände des Hauses dicht über dem Erdboden Stück für Stück aufgesägt (Bild 3). In den entstandenen Spalt wird eine Wasser abweisende Schicht gebracht. Danach ist das Haus für Jahrzehnte gegen aufsteigende Feuchtigkeit geschützt.

AUFGABEN

1. Stelle 2 Glasplatten so in ein flaches Gefäß, dass sie sich an einer vertikalen Kante berühren. Gieße Wasser in das Gefäß. Erkläre!

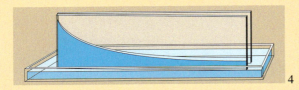

2. Du kannst leicht nachweisen, dass in Pflanzen die Nährstofflösung durch Kapillaren im Stängel zu den Blüten gelangt. Dazu musst du ein Marmeladenglas zur Hälfte mit Wasser füllen und einige Tropfen Lebensmittelfarbe hinzusetzen. In dieses Glas stellst du eine Schnittblume mit einer weißen Blüte (Schneeglöckchen, Tulpe, Margerite, Wilde Möhre). Bereits nach einigen Stunden kannst du die Veränderung sehen. Erkläre die Beobachtungen!

3. Wenn du einige Tage verreist, kannst du deine Zimmerpflanzen mit einer Blumentränke bewässern. Überprüfe die Wirksamkeit einer solchen Tränke und erkläre, wie sie funktioniert!

AUFGABEN

1. Welche Modelle kennst du aus deinem täglichen Leben? Nenne Gemeinsamkeiten und Unterschiede zwischen dem Original und dem Modell!
2. Welche Modelle kennst du aus deinem Biologieunterricht? Nenne Gemeinsamkeiten und Unterschiede zwischen dem Original und dem Modell!
3. Baue mit einfachen Mitteln ein Modell
   a) von einer Waage oder
   b) von einem Windrad!
4. Eine Orange sei ein Modell. Überlege dir ein Original zum Modell „Orange"! Welchen Zweck soll dabei die Orange erfüllen?
5. Nimm einen Löffel voll Salz und gib ihn in ein Glas mit warmen Wasser. Beobachte und beschreibe deine Beobachtungen. Erkläre mithilfe des Teilchenmodells.
6. Der englische Botaniker ROBERT BROWN hatte 1827 Blütenstaub in einem Wassertropfen beobachtet. Dabei stellte er fest, dass der Blütenstaub sich ununterbrochen bewegte. Erkläre diese Beobachtung mithilfe des Denkmodells der kleinen Teilchen (s. S. 24).
7. Stelle eine flache Schale mit Duftöl auf eine Fensterbank. Prüfe mehrmals, in welchem Abstand von der Schale man das Duftöl im Raum noch riechen kann. Erkläre.

ZUSAMMENFASSUNG

Modelle werden konstruiert, um bestimmte Erscheinungen besser veranschaulichen, untersuchen und erklären zu können.

Ein Modell:
- wird durch Auswählen, Vereinfachen oder durch Vermutungen und Annahmen aufgestellt.
- ist ein vereinfachtes Abbild des Originals.
- besitzt wesentliche Eigenschaften des Originals.
- wird immer für einen bestimmten Zweck entwickelt.

Denkmodell „Kleine Teilchen":
Die kleinsten Bausteine aus denen alle Gegenstände bestehen, nennt man Teilchen. Man kann sich die Teilchen vereinfacht als kleine Kugeln vorstellen.
Die Teilchen sind in ständiger Bewegung. Die Schnelligkeit der Teilchenbewegung hängt von der Temperatur ab.

Denkmodell „Kleine Teilchen" für:

Feste Körper	Flüssigkeiten	Gase

| Jedes Teilchen hat einen bestimmten Platz, um den es sich bewegt. | Jedes Teilchen bewegt sich um den Platz, an dem es sich gerade befindet. | Die Teilchen bewegen sich unabhängig voneinander, sie sind an keinen bestimmten Platz gebunden. |

Optik

Licht und Dunkelheit bestimmen unsere
Orientierung in der Welt. Das Licht der
Sonne ermöglicht das Leben auf der Erde.
Ohne das Sonnenlicht könnten keine
Pflanzen wachsen.
Trifft Licht auf Hindernisse, so können
Schatten entstehen.
Riesige Schatten im Weltraum führen zu
den Sonnen- und Mondfinsternissen.
In vielen optischen Geräten finden wir
Linsen, die eine Abbildung ermöglichen.

Ausbreitung des Lichtes

Ein Raum mit Kerzenlicht wirkt auf uns anders als ein Raum, der in hellem Lampenlicht erstrahlt. Mit Licht lassen sich erstaunliche Effekte erzielen. Das hast du im Theater und in Shows schon erlebt.
Ein Rockkonzert von vor 30 Jahren unterscheidet sich von einem Auftritt einer Band heute in drei Dingen: der Musik, der Lautstärke und im Einsatz von Licht. Gesteuert von Computern und gekoppelt an den Sound wird ein wahres Licht-Feuerwerk erzeugt.

Bedeutung des Lichtes für uns Menschen

Ohne Licht wäre die Erde tot und leer. Licht und Leben gehören zusammen. Die völlige Finsternis in den Tiefen des Ozeans oder in Erdhöhlen ermöglicht kaum Leben.
Die Menschen fürchten sich im Dunkeln. Sie sehnen sich nach dem Licht.
Das zeigt sich besonders deutlich, wenn man sich einmal in das absolute Dunkel begibt.

Gehen wir doch einfach in den Keller! Zunächst ist es dort auch völlig dunkel. Aber schon nach kurzer Zeit scheint überall Licht. Durch Türritzen und Fensterschächte dämmert es. Wenn es gelingt, alle diese Stellen abzudichten, haben wir die absolute Dunkelheit.

Wer sich dort einmal einige Zeit aufgehalten hat, erzählt von Orientierungslosigkeit, Beklemmungen und vom Wichtigwerden der Geräusche.
Es lohnt sich auch, über diese Erfahrungen mit blinden Menschen zu sprechen.

Nun haben wir die Finsternis kennengelernt. Wie ist es aber mit dem Licht? Sobald wir überhaupt irgendetwas sehen, ist Licht im Spiel. Licht hat für uns Menschen eine große Bedeutung. Es beeinflusst unsere Gefühle. Die dunklen Dezembertage erzeugen bei uns andere Stimmungen als helle Juniabende.
Die Menschen weit im Norden Europas haben ein anderes Verhältnis zu Tag und Nacht und zum Licht als zum Beispiel die Mittelmeerbewohner. So gestalten sie auch ihre Häuser in anderen Farben (Bilder 2 und 3).

Weiße Stadt in Griechenland

Bunte Stadt in Norwegen

Ausbreitung des Lichtes

Lichtquellen und beleuchtete Körper

Als die Bürger von Schilda ein neues Rathaus erbauten, vergaßen sie den Einbau von Fenstern. Im Rathaussaal war es stockdunkel. Was tun? – Der Schneider hatte die richtige Idee, so glaubten jedenfalls die Bürger von Schilda: „Lasst uns das Sonnenlicht in Säcke füllen und in das Rathaus tragen!" Fast alle Dinge des täglichen Lebens lassen sich sammeln und in Kisten oder Säcke füllen, selbst die unsichtbare Luft. Aber das Licht ist immer „sofort weg", sobald die Lampe ausgeschaltet wird. Die Bürger von Schilda brauchen also entweder Lampen oder sie müssen doch noch Fenster in ihr Rathaus einbauen.

Sonne und Mond beleuchten unsere Erde. Worin besteht der Unterschied? Selbst bei Vollmond fällt es dir schwer, ein Buch zu lesen, weil es zu dunkel ist. Die Sonne ist viel heller. Aber es gibt noch einen weiteren Unterschied: Die Sonne leuchtet selbst. Sie ist die größte und wichtigste Lichtquelle für uns Menschen. Der Mond hingegen leuchtet nicht selbst. Er wird von der Sonne beleuchtet. Deshalb erscheint er uns hell. Der Mond täuscht uns also bloß vor, er sei eine Lichtquelle. Ohne die Sonne wäre er für uns unsichtbar.

Die Sonne leuchtet.   Der Mond wird beleuchtet.

Ebenso ist es in einem ganz dunklen Raum. Dort können wir nichts sehen. Schaltet man aber eine Beleuchtung ein, so sieht man nicht nur die Lichtquelle. Man sieht auch alle Gegenstände im Raum, weil sie nun beleuchtet werden.

> Körper, die von selbst Licht aussenden, also selbstleuchtende Körper, nennt man Lichtquellen. Alle anderen Körper, die man sieht, nennt man beleuchtete Körper.

Die beleuchteten Körper erscheinen unterschiedlich hell. Das liegt sicher zum einen daran, wie stark sie von der Lichtquelle beleuchtet werden. Aber auch gleich stark beleuchtete Gegenstände erscheinen unterschiedlich hell. Das Licht der Lichtquelle trifft auf die Gegenstände und gelangt von dort in unsere Augen. Manche Gegenstände werfen das Licht besser zurück als andere. Räume mit weißen Wänden wirken bei gleichen Lichtquellen viel heller, als solche mit dunkler Tapete. Weiße Gegenstände werfen Licht besser zurück als dunkle. Zur besseren Verkehrssicherheit sollten Fußgänger und Radfahrer helle Kleidung tragen und am Körper und Fahrrad Reflektoren. Sie werfen das Licht der Autoscheinwerfer besser zurück (Bild 1).

Man unterscheidet natürliche und künstliche Lichtquellen. Neben der Sonne gibt es in der Natur noch Lichtquellen wie Blitze, Sterne oder glühende Lava aus Vulkanen. Offenes Feuer war über Jahrtausende die einzige künstliche Lichtquelle der Menschen. Zunächst gab es Fackeln, Öllampen und Kerzen; später Petroleum- und Gaslampen. Mit der Nutzung der Elektrizität wurden Glühlampen und Leuchtstofflampen zu selbstverständlichen Alltagsgegenständen.

Fackel — Römische Öllampe — Leuchter 17. Jahrhundert — Petroleumlampe um 1800 — Gaslaterne 1925 — Lampen von heute

Von Lichtbündeln zum Modell der Lichtstrahlen

Schmale Lichtbündel finden wir manchmal in der Natur (siehe Bild Seite 29), wir können sie aber sehr einfach künstlich herstellen (Bild 3).

EXPERIMENT 1
Stelle einen Kasten mit vielen nageldicken Löchern über eine Glühlampe. Sorge für genügenden Abstand zwischen Lampe und Kasten. Schüttle nun etwas Kreidestaub über den Kasten oder erzeuge Rauch mit einer Imkerpfeife!

In einem dunklen Raum siehst du zunächst nur die hellen Löcher und helle Punkte an Decke und Wänden.

Ausbreitung des Lichtes

Mit Staub oder Rauch in der Luft erscheinen viele geradlinige Lichtbündel. Die Beobachtungen in der Natur und das Experiment zeigen:

> Licht breitet sich geradlinig aus.

Dieses Ergebnis kannst du auch anders überprüfen. Jeden kleinen Gegenstand, den du im Zimmer betrachtest, kannst du dir durch ein dünnes gerades Rohr ansehen, z. B. eine Kerzenflamme. Das Licht erreicht dein Auge nicht, wenn das Rohr gebogen ist.

Man kann jede Glühlampe zum Erzeugen eines schmalen Lichtbündels verwenden. Dazu setzt man eine Lochblende davor. Eine solche Blende blendet einen Teil des Lampenlichtes aus. Je nach ihrer Form nennt man sie Loch- oder Spaltblende. Benutzt man in der Schule zum Experimentieren eine Heftleuchte, so verwendet man dort eine Spaltblende (Bild 2). Man stellt ein Lichtbündel dar, indem man seine beiden seitlichen Begrenzungen durch zwei Geraden zeichnet (Bilder 3 und 4). Beim Zeichnen sehr schmaler paralleler Lichtbündel genügt eine einzige gerade Linie (Bild 5).

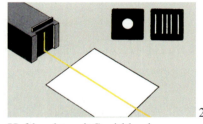

Heftleuchte mit Spaltblende

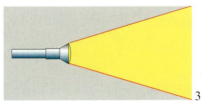

Breiter werdendes Lichtbündel

Paralleles Lichtbündel

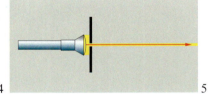

Schmales paralleles Lichtbündel

Gerade Linien, die von einem Punkt ausgehen, nennt man in der Geometrie Strahlen. So erklärt sich auch, dass in der Physik das Wort Lichtstrahl verwendet wird.

> Den Verlauf von Lichtbündeln stellt man durch Strahlen dar.

Die Lichtstrahlen sind eine Vereinfachung, um die Ausbreitung des Lichtes darzustellen. Solche Vereinfachungen werden in der Physik häufig verwendet, man nennt sie *Modelle*. In der Optik benutzt man also das *Modell Lichtstrahl*.

34 Optik

Die Lampe (Bild 1) sendet Licht in alle Richtungen aus. Man kann die Lampe sehen, wenn Licht ins Auge gelangt. Bei Hans zeichnet man einen Lichtstrahl von der Lampe zum Auge. Tina kann die Lampe nicht sehen. Es fällt kein Lichtstrahl in ihr Auge. Auch die Sichtbarkeit beleuchteter Körper, wie eine Vase, lässt sich mit Lichtstrahlen darstellen (Bild 2).

> Mithilfe des Modells Lichtstrahl lassen sich grundlegende Phänomene der Optik darstellen. Licht besteht aber nicht aus Strahlen.

Licht und Schatten

An einem sonnigen Sommertag begibt man sich zum Lesen gerne in den Schatten (Bild 3). Dort ist es nicht so hell, weil die Sonnenstrahlung dort nicht hinkommt. Die Sonne kann mich nicht „sehen". Und ich kann aus dem Schatten die Sonne nicht sehen. Außerdem ist es dort kühler. Schatten entsteht hinter einem Gegenstand, man sagt in der Physik: Körper, der kein Licht hindurchlässt. Eine lichtdurchlässige Glasscheibe, wie etwa eine Terrassentür, kann keinen Schatten erzeugen (Bild 4).

> Schatten entstehen hinter beleuchteten lichtundurchlässigen Körpern.

Ausbreitung des Lichtes

35

Durch Glasscheiben kann das Licht „ungehindert" ins Haus kommen. – Aber stimmt das wirklich?

EXPERIMENT 2
Besorge dir einige kleine flache Glasscheiben. Halte zunächst eine, dann zwei, drei usw. Scheiben in das Licht der Sonne oder einer Lampe, sodass der „Schatten" der Scheiben auf einer weißen Wand erscheint.
Sieh dir die Schatten genau an und vergleiche mit der Wand daneben und mit dem Schatten deiner Hand.

1

Obwohl man durch eine gut geputzte Glasscheibe hindurch sehen kann als wäre sie gar nicht vorhanden, so wirft sie doch einen erkennbaren „Schatten". Nicht alles Licht erreicht durch die Scheibe die Wand. Und je mehr Scheiben vor die Wand gehalten werden, desto dunkler ist der „Schatten". Der Rest des Lichtes wird von den Scheiben zurückgeworfen, man sagt: *reflektiert*.
Die Bilder 2 und 3 zeigen Schatten einer verspiegelten Sonnenbrille.

2

3

Trifft das Licht auf die verspiegelte Seite, so ist der Schatten fast so dunkel wie der Schatten einer Hand (Bild 2). Trifft das Licht auf die unverspiegelte Seite der Brillengläser, ist der Schatten heller (Bild 3). Aber etwas Licht durchdringt die Brille noch. Für das Sehen reicht dies aus: Der Brillenträger sieht seine Umgebung zwar dunkler aber meist deutlich genug. Auch gewöhnliche Sonnenbrillen lassen nicht alles auftreffende Licht hindurch. Ein Teil des Lichtes wird auch hier an der Oberfläche reflektiert, ein anderer Teil wird vom getönten Glas verschluckt, man sagt: *absorbiert*.

Wenn Licht auf einen Gegenstand trifft, wird es von ihm mehr oder weniger durchgelassen, reflektiert oder absorbiert.

Schatten übersieht man häufig auf den ersten Blick. Sie scheinen nur nutzlose Anhängsel einer Welt des Lichts, der Farben und des Glanzes der Gegenstände zu sein. „Wo Licht ist, ist immer auch Schatten." Das drückt etwas über Gut und Böse unserer Welt aus. Da kommt der Schatten nicht gut weg. Die Schattenwelt galt als das Reich der Toten.

Der Dichter ADALBERT VON CHAMISSO erzählt von Peter Schlemihl, der versuchte, seinen Schatten zu verkaufen. Schattenlos fühlte er sich dann auch heimatlos und von der menschlichen Gemeinschaft ausgeschlossen. Jeder Raum, jede Landschaft, jeder Mensch, wie sähe all das aus – ohne Schatten? Dumpf, leer und tot.

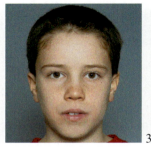

Auch in unserem Gesicht haben wir Schatten. Wenn man die „Formen" des eigenen Gesichts als Schattenerzeuger verwendet, so wird deutlich, welche Stimmungen Licht und Schatten hervorrufen können. Bild 1 zeigt ein von oben beleuchtetes Gesicht, es entspricht der Helligkeit im Freien (oder in Räumen mit Deckenbeleuchtung). Haare, Stirn, Nasenrücken und Wangen sind hell und sehen wach aus. Bei Tage herrscht in Räumen durch Fenster oft seitliche Beleuchtung (Bild 2). Man nutzt diesen, das Profil hervorhebenden Licht-Schatten-Effekt, häufig bei Porträtfotos. Beleuchtet man ein Gesicht direkt von vorne (Bild 3), so wirkt es flach. Die Beleuchtung von unten (Bild 4) hingegen ist uns sehr fremd, sie erscheint gruselig. So ein „Lagerfeuergesicht" erlebt man im Alltag selten.

Du weißt, dass man ohne Licht nichts sehen kann. – Heißt das umgekehrt: Je mehr Licht auf einen Körper fällt, desto besser können wir ihn sehen?

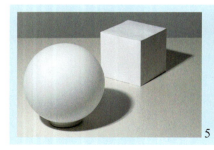

EXPERIMENT 3
1. Eine weiße Kugel und ein weißer Würfel werden vor einem hellen Hintergrund schräg von einer Seite beleuchtet.
2. Die Körper werden zusätzlich mit weiteren Lampen von anderen Seiten beleuchtet. Beschreibe den Unterschied!

Werden im Experiment 3 noch mehr Lampen eingeschaltet, die die Körper auch von oben und von unten beleuchten, so gelingt es, die Körper fast „verschwinden" zu lassen. Die *Kontraste*, also die Helligkeitsunterschiede, sind dann kaum noch wahrnehmbar.
Bei einfarbigen Körpern wie diesen entstehen die Kontraste durch Schattenbildung. So kann man sagen: Zum Sehen braucht man Licht und Schatten.

Ausbreitung des Lichtes 37

Wie kann man nun die Entstehung und die Eigenschaften von Schatten genauer untersuchen?

EXPERIMENT 4
Stelle ein Stück Pappe (20 cm × 20 cm) etwa 1 m von einer weißen Wand entfernt auf und beleuchte sie aus etwa 1 m Abstand mit einer kleinen Leuchte (Halogenspot oder Kerze)!
1. Untersuche die Grenze des Schattenraumes: Spanne hierzu ein Band von einer Ecke des Quadrates zu deren Schattenbild!
2. Bewege die Leuchte (bzw. die Pappe) und ermittle die Größe des Schattens im Vergleich zur Pappe. Wie groß kann der Schatten an der Wand höchstens werden? Wie groß ist er mindestens?

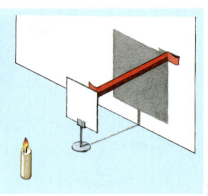

Wenn man ein breites Band von der Ecke zu deren Schattenbild spannt, kann dieses auf der ganzen Länge zur Hälfte noch beleuchtet und zur Hälfte bereits im Schatten sein. Auf dem gespannten Band ist also die Grenze zwischen Schattenraum und beleuchtetem Raum zu erkennen.
Zwischen jedem Punkt auf dem Rand der Pappe und dem zugehörigen Schattenpunkt auf der Wand könnte ein dünner Faden gespannt werden. Hier wird das Strahlenmodell mit den Fäden veranschaulicht. In Bild 2 sind die Grenzen des Schattenraumes geradlinig in Richtung der Leuchte verlängert worden. Sie treffen sich alle am Ort der kleinen Leuchte.
Daran wird deutlich, dass sich das Licht geradlinig ausbreitet.

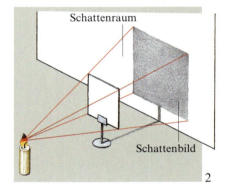

Wird ein undurchsichtiger Körper von einer Lichtquelle beleuchtet, so gibt es hinter dem Körper ein Gebiet, in das kein Licht der Quelle eindringt. Dieses Gebiet heißt Schattenraum.
Das Licht breitet sich geradlinig aus. Daher ist auch der Schattenraum geradlinig begrenzt.
Auf dem Schirm hinter dem Körper entsteht ein Schattenbild.

Die geradlinige Lichtausbreitung ist auch der Grund dafür, dass ein Schatten seine Größe verändert, wenn der Abstand zwischen Lichtquelle und Schattengeber verändert wird. Das Licht kann nur auf geradem Weg von der Lichtquelle zum Schirm gelangen. Wo es nicht hingelangt, entsteht ein Schatten.

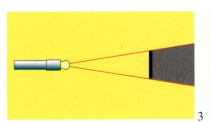 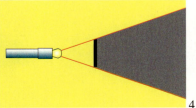 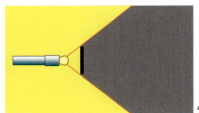

Anwendung des Strahlenmodells bei der Entstehung von Schatten

Was passiert, wenn ein Körper, z. B. eine Spielkarte, von zwei Kerzen beleuchtet wird?

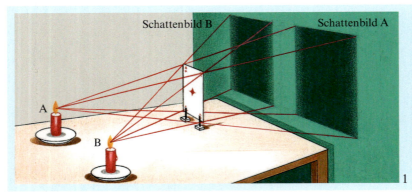

EXPERIMENT 5
Stelle zwei Kerzen vor einer Spielkarte auf. Du erhältst zwei Schattenbilder von der Karte. Verdecke nun eine Kerze. Was passiert mit den Schattenbildern? Verändere jetzt den Abstand zwischen den Kerzen. Was geschieht mit den Schatten? Versuche nun zu erreichen, dass sich die beiden Schattenbilder überlappen!

Wenn sich die beiden Schattenbilder der Spielkarte überlappen, erkennst du, dass das gemeinsame Schattenbild nicht überall gleich dunkel ist. Stelle dir vor, du befindest dich im Schattenraum hinter der Spielkarte (Bild 2). Wenn du von dort aus weder Kerze A noch Kerze B siehst, muss es dort sehr dunkel sein. Siehst du jedoch eine der Kerzen, ist es dort schon heller. Und wenn du beide siehst, bist du im hellsten Bereich (siehe dazu auch Experiment 5).
Für den Schatten, der entsteht, wenn ein Körper von zwei Lichtquellen beleuchtet wird, verwendet man folgende Bezeichnungen:

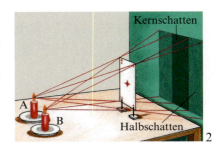

> Der Raum, der von keiner der beiden Lichtquellen beleuchtet wird, heißt Kernschatten. Der Raum, in den nur das Licht einer Lichtquelle gelangt, heißt Halbschatten.

In den Experimenten wurden sehr kleine Lichtquellen verwendet. Dadurch entstanden Schattenbilder mit ziemlich scharfen Rändern. Nimmt man aber eine ausgedehnte Lichtquelle, etwa eine lange Leuchtstofflampe, erhält man ein unscharfes Schattenbild (Bild 3). Bisher wurden die Schatten als Bilder auf einer Leinwand oder einen Schirm betrachtet und untersucht. Eine andere Perspektive bietet der Blick von hinten durch die Leinwand.

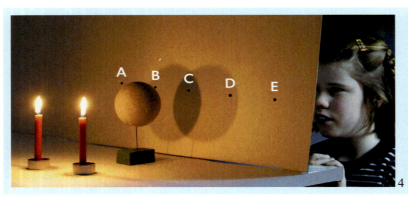

EXPERIMENT 6
1. Schaue durch kleine Löcher bei A, B, C, D und E im Schirm von hinten in Richtung der beiden Kerzen. Was siehst du jeweils? Beschreibe!
2. Verwende nun eine kleine rote und eine kleine grüne Lampe und untersuche die Schatten. Welche Art von Schatten treten auf? Welche Lampen sieht man durch welches Loch?

Ausbreitung des Lichtes

Mondphasen

Der Mond am Himmel hat viele Gesichter. Manchmal ist er rund und voll, manchmal eine Sichel. Der Mond durchläuft verschiedene Phasen. Um herauszufinden, wie sich das Aussehen verändert, lohnt sich eine längere Beobachtung. Allerdings dürfen nicht zu viele Wolken am Himmel sein. Bild 2 zeigt eine Beobachtung vom sich vergrößernden sichtbaren Mond bis zum Vollmond. Bild 3 zeigt die sich verkleinernde Mondsichel bis zum Neumond. Bei schmalen Mondsicheln kannst du den zunehmenden Mond am frühen Abend, den abnehmenden Mond am frühen Morgen beobachten.

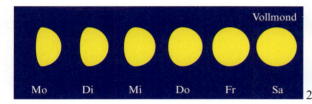

In vielen Kalendern steht, wann der Mond aufgeht und wann er untergeht. Auch sind dort die Mondphasen eingetragen. Es dauert knapp einen Monat, bis eine bestimmte Mondphase wiederkehrt. Etwa alle 29,5 Tage gibt es einen Vollmond. Aber warum sieht der Mond mal so und mal so aus?

Die Sonne beleuchtet den Mond. Von der Erde aus sehen wir einen Teil seiner beleuchteten Halbkugel. Hält man einen Ball „in die Nähe" des Mondes, so erkennt man auf ihm eine ähnliche Schattengrenze (Bild 4). Zum Vergleich kann man den Standort wechseln: Die beleuchtete Hälfte des Balles sieht der Betrachter vollständig, wenn er die Sonne im Rücken hat. Der Ball erscheint als Vollmond (Bild 5). Umgekehrt sieht er auf die unbeleuchtete Seite, wenn der Ball „in die Nähe" der Sonne gehalten wird. Dann zeigt der Ball Neumond.

> Der Mond ist stets von der Sonne zur einen Hälfte beleuchtet. Je nachdem, wie Mond und Sonne gerade zueinander stehen, sehen wir unterschiedlich viel von dieser beleuchteten Hälfte.

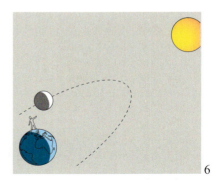

Die Sonne beleuchtet Erde und Mond in gleicher Weise.

Mond- und Sonnenfinsternisse

Normalerweise stehen Erde und Mond so zueinander, dass beide von der Sonne beleuchtet werden. Dann können wir die gewöhnlichen Mondphasen beobachten, die auf die Beleuchtung des Mondes durch die Sonne zurückzuführen sind.

Bei den so genannten Finsternissen wird aber wichtig, dass es im Weltraum hinter Erde und Mond lange Schattenräume gibt.

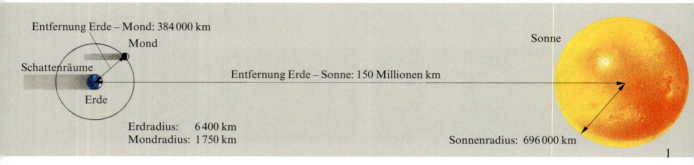

Mondfinsternis. Wenn der Mond durch den Schattenraum der Erde wandert, können wir nachts eine Mondfinsternis beobachten. Das geht nur bei Vollmond (Bild 2).

Man kann aber nicht jeden Monat bei Vollmond eine Mondfinsternis sehen, weil die Bahn des Mondes um die Erde und die Bahn der Erde um die Sonne nicht genau in einer Ebene liegen. So kommt es nur selten und unregelmäßig zu einer Mondfinsternis. Sie ist von der gesamten Nachthalbkugel der Erde aus zu sehen.

Die Termine für die nächsten totalen Mondfinsternisse, die man in Mitteleuropa sehen kann, findest du leicht im Internet.

Sonnenfinsternis. Trifft der Schattenraum des Mondes auf die Erdoberfläche, so entsteht eine Sonnenfinsternis (Bild 3). Das Schattenbild des Mondes auf der Erde ist aber nicht einmal so groß wie Brandenburg. Damit es überhaupt zu einer Sonnenfinsternis kommen kann, muss sich der Mond genau auf einer Linie zwischen Erde und Sonne befinden. Auch dies tritt nur ungefähr zweimal im Jahr auf, weil die Bahnebenen von Mond und Erde gegeneinander geneigt sind. Da aber nur relativ kleine Gebiete der Erde in den Schattenraum des Mondes geraten, sind Sonnenfinsternisse an einem bestimmten Ort sehr selten.

Die letzte Sonnenfinsternis, bei der der Mond die Sonne vollständig verdeckte, war in Teilen von Deutschland am 11.8.1999 zu beobachten; die nächste totale Sonnenfinsternis sieht man in Deutschland erst wieder am 3. 9. 2081. Dann seid ihr über 90 Jahre alt!

> Bei einer Mondfinsternis befindet sich der Mond im Schattenraum der Erde. Bei einer Sonnenfinsternis befindet sich der Mond zwischen Sonne und Erde. Dann ist ein kleiner Teil der Erdoberfläche im Schattenraum des Mondes.

Ausbreitung des Lichtes

Projekt

Sonnenuhr

Die Menschen haben vor über 4000 Jahren die Sonnenuhr als eines der ersten Zeitmessgeräte erfunden. Man erkannte, wie die Schatten von Personen oder Bäumen im Laufe des Tages Länge und Richtung änderten. Den Schatten, den die Sonne von einem Stab erzeugte, kennzeichnete man durch Markierungen. Daraus konnten nun Tages- und Jahreszeiten abgelesen werden.

An Hauswänden, die nach Süden gerichtetet sind, finden wir gelegentlich sehr alte Sonnenuhren (Bild 1). Das Uhrzifferblatt besteht aus einem Halbkreis, bei dem die 12 genau unten liegt. Der Eisenstab verläuft in einem bestimmten Winkel zur Hauswand. Sein Schatten zeigt die Uhrzeit an.

Sonnenuhr in Marienthal

AUFTRAG
Baue dir aus einem Brett und einem Stab eine einfache Sonnenuhr! Lege das Brett flach auf den Boden und bringe darauf senkrecht einen Stab an. An einem sonnigen Tag kannst du die Sonnenuhr mithilfe einer Uhr einstellen, indem du jede volle Stunde einen Strich ziehst (Bild 2). So kannst du in den nächsten Tagen die Uhrzeit an deiner Sonnenuhr ablesen.

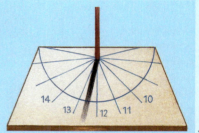

Nach etwa einer Woche wird deine Sonnenuhr jedoch ungenau. Das hängt damit zusammen, dass der Stab nicht parallel zur Erdachse (um die sich die Erde dreht) steht.

Wenn aber der Stab in die gleiche Richtung zeigt wie die Erdachse, geht deine Sonnenuhr genauer. Dies erreichst du, indem du den Stab nach Norden neigst. Der Winkel zwischen Stab und Grundfläche muss der geografischen Breite (Bild 3) deines Standortes entsprechen. Auch bei einer vertikalen Sonnenuhr wie in Bild 1 muss der Schattenstab parallel zur Erdachse stehen.

Eine Sonnenuhr kannst du auch einfach aus Pappe herstellen wie in Bild 4. Sie ist für Brandenburg entworfen und muss mit einem Kompass genau nach Norden ausgerichtet werden.

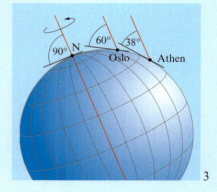

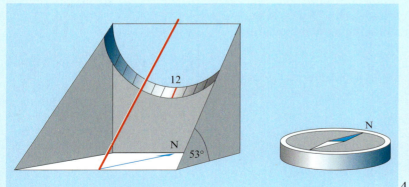
Sonnenuhr für Brandenburg

Einige geografische Breiten in Europa

Oslo, St. Petersburg	60°
Glasgow, Kopenhagen	56°
Potsdam, Frankfurt/Oder	53°
Magdeburg	52°
Köln, Dresden	51°
Prag, Mainz	50°
Paris	49°
München	48°
Rom	42°
Athen	38°

Neumond – Halbmond – Vollmond

AUFTRAG 1
Gehe mit einem Tischtennisball oder einer ähnlichen weißen Kugel bei Sonnenschein ins Freie und erzeuge Mondsicheln (wie die Schülerin auf S. 39). Falls der Mond scheint, dann vergleiche die Mondsichel mit der „Ballsichel".

Zeichnet man den Mond in seinem 29,5 Tage dauernden Umlauf um die Erde in einem Modell auf, das aber nicht maßstabsgerecht ist, erkennt man die Mondphasen. Der Mond wendet der Erde immer dieselbe Seite zu!

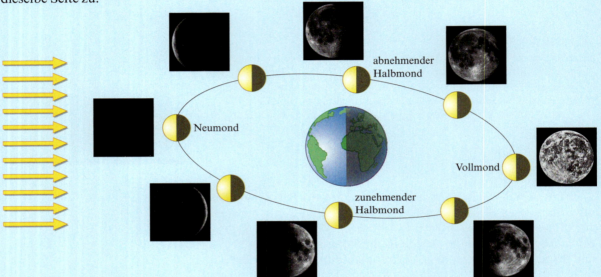

1 **Modell der Mondphasen.**
Die Zeichnung zeigt, wie ein Raumfahrer aus großer Entfernung Erde und Mond sehen würde. Die Fotos zeigen, wie wir den Mond von der Erde aus sehen.

Steht der Mond so, dass du die ganze beleuchtete Seite siehst, dann ist Vollmond. Wenn er so steht, dass du auf seine dunkle Seite siehst, dann ist Neumond. Bei anderen Stellungen des Mondes siehst du nur einen Teil der hellen, von der Sonne beschienenen Mondhälfte.

Und woran liegt es, dass der Mond auf- und untergeht? Das liegt daran, dass sich die Erde um sich selbst dreht. Das ist ja auch der Grund, warum es Sonnenaufgang und Sonnenuntergang gibt.

AUFTRAG 2
In Taschenkalendern sind häufig die Mondphasen für das ganze Jahr angegeben. Überprüfe die Angaben, indem du so oft wie möglich den Mond beobachtest.

AUFTRAG 3
Plant einen Besuch in einem Planetarium in der Nähe, um euch die Mondphasen vorführen zu lassen.

Übrigens

Viele Menschen denken, dass die Mondphasen durch den Schatten der Erde entstehen. Das ist aber nicht der Fall. Sieh dir beispielsweise in Bild 1 den Halbmond an. Das Sonnenlicht kommt von links, da kann die Erde doch keinen Schatten auf den Mond werfen.

Ausbreitung des Lichtes

Projekt

Modelle des Sonnensystems

Merkur	Venus	Erde	Mars	Jupiter	Saturn	Uranus	Neptun
5 000 km	12 000 km	13 000 km	7 000 km	143 000 km	121 000 km	51 000 km	50 000 km

(Äquatordurchmesser gerundet)

Acht Planeten: Merkur, Venus, Erde, Mars, Jupiter, Saturn, Uranus und Neptun umkreisen die Sonne. So ist die Reihenfolge von der Sonne, also von Innen. Die Größe der Planeten ist sehr unterschiedlich. Der größte ist 60-mal größer als der kleinste. Auch die Abstände von der Sonne sind unterschiedlich. Der Abstand der Erde von der Sonne beträgt 150 000 000 km. Man bezeichnet ihn als eine astronomische Einheit (abgekürzt: 1AE). Für die anderen Planetenentfernungen schreibt man: Merkur 0,4 AE; Venus 0,7 AE; Mars 1,5 AE; Jupiter 5,2 AE; Saturn 9,5 AE; Uranus 19 AE; Neptun 30 AE.

AUFTRAG 1
Baut ein maßstabsgerechtes Modell aller Planeten! Wenn etwa Merkur einen Durchmesser von 5 mm im Modell hat, ist die Erde 13 mm groß usw. Die Planetenmodelle könnt ihr im Klassenraum aufhängen, beschriften und bemalen.

AUFTRAG 2
Wir machen uns ein Modell zu den Entfernungen im Sonnensystem. Ein Schüler stellt die Sonne dar, möglichst mit einem großen Pappschild: „Sonne". 8 Schüler sind die Planeten, auch mit großen Pappschildern. Nun sollen sie sich auf mit Kreide markierten Umlaufbahnen um die Sonne bewegen: Radien von 0,4 m bis 30 m. (1 m im Modell entspricht dann 1 AE = 150 000 000 km). Welcher Maßstab ist das?

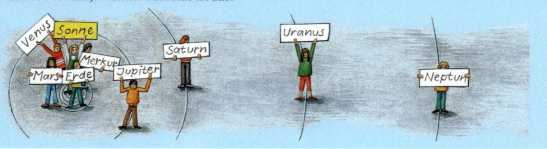

AUFTRAG 3
Das Foto zeigt ein Tellurium, wie es ähnlich in vielen Schulen vorhanden ist. Erde als Globus, Mond läuft um Erde, Sonne als eine Lampe in der Mitte. Welcher Teil des Modells entspricht der Realität. Welcher Teil ist eher kein Modell der Wirklichkeit? Verwende dazu auch die folgenden Angaben:
Maßstab 1 : 5 000 000 000 (5 Mrd.!)
Mondradius: 1750 km = 0,35 mm Erdradius: 6 400 km = 1,3 mm
Mondbahnradius: 384 000 km = 77 mm
Sonnenradius: 696 000 km = 139 mm
Erdbahnradius: 150 000 000 km = 30 m

44　Optik

Projekt

Schattenspiele

Schattentheater. In Schattenbühnen werden Theaterstücke aufgeführt, bei denen die Zuschauer auf eine von der Bühnenseite her beleuchtete weiße Leinwand schauen. Kulissen, handelnde Personen, Requisiten und Gerätschaften aller Art sind als Schattenrisse zu sehen (Bild 1). Nach kurzer Spielzeit leben sich die Zuschauer meist so in die Handlung ein, dass die Schattenbilder wie echtes Theater erlebt werden.

Silhouetten. Im Jahre 1759 schlug der sozial denkende französische Finanzminister LUDWIG DES XV. ETIENNE SILHOUETTE vor, statt der bis dahin üblichen Familiengemälde Schattenrisse anzufertigen (Bild 2). Diese Silhouetten waren über ein Jahrhundert eine Mode, die sich nicht nur die Wohlhabenden leisten konnten. Daraus hat sich auch die Kunst des Scherenschnitts entwickelt. So gibt es auch von vielen berühmten Menschen vergangener Jahrhunderte Silhouetten, z. B. von JOHANN WOLFGANG GOETHE (Bild 3).

So entstand ein Schattenriss

Der junge GOETHE (um 1774)

AUFTRAG
Wenn wir sagen „auf der Wand entsteht ein Schatten", dann meinen wir damit ein Bild von einem undurchsichtigen Gegenstand, der von einer Seite beleuchtet wird. Solche Schattenbilder lassen sich auch als Vorlage für Zeichnungen oder Scherenschnitte verwenden. Wie kommt es zu diesen scharf umrissenen Bildern? Fertige Silhouetten von Freunden und Verwandten an und teste, ob man sie erkennen kann.

Ausbreitung des Lichtes

AUFGABEN

1. Katzen und Eulen können in völliger Dunkelheit sehen, sagen viele Leute. Stimmt das?
2. Nenne jeweils drei Beispiele für natürliche und künstliche Lichtquellen!
3. Jemand behauptet, der Mond sei eine Lichtquelle, schließlich sei er heller als manche Straßenlaterne. Was könntest du ihm entgegnen?
4. Beschreibe ein Experiment, mit dem man zeigen kann, dass sich Licht geradlinig ausbreitet!
5. Warum sind Schülertische in der Klasse meistens so aufgestellt, dass das Tageslicht von links einfällt? Für wen ist das ein Problem?
6. Verwende unterschiedliche Lichtquellen (Kerze, Schreibtischlampe, Leuchtstofflampe) zur Erzeugung von Schatten deiner Hand an der Wand. Welche Schatten sind besonders scharf? Verändere auch die Abstände zwischen Lichtquelle und Hand sowie Hand und Wand!
7. An einer Wand werden mit einer roten und einer grünen Lampe Schattenbilder einer Vase erzeugt. Welche Farben haben jeweils Schatten 1 und Schatten 2? Probiere es aus!

8. Bei einer Fernsehübertragung stellst du fest, dass alle Fußballspieler vier Schatten haben. Wie ist das möglich? Was müsste man tun, damit es nur noch drei Schatten sind?
9. Versuche die Anordnung so aufzubauen, dass die abgebildeten Schattenbilder entstehen!

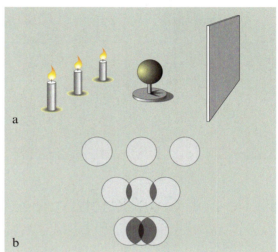

10. In Kalendern sind Mondphasen eingetragen. Zähle die Tage zwischen zwei Vollmonden! Zeichne für jeden Tag dazwischen das ungefähre Aussehen des Mondes!
11. Warum treten Mondfinsternisse nur bei Vollmond und Sonnenfinsternisse nur bei Neumond ein?

ZUSAMMENFASSUNG

In der Optik unterscheidet man Lichtquellen (Körper, die selbst leuchten) und beleuchtete Körper.

Licht breitet sich geradlinig aus.
Wird ein lichtundurchlässiger Körper von einer Lichtquelle beleuchtet, so entsteht hinter ihm ein Schatten.
Bei mehreren Lichtquellen entstehen Kernschatten und Halbschatten.

In der Physik beschreiben wir das Licht mit dem Strahlenmodell. Modellvorstellungen helfen uns dabei, Sachverhalte und Experimente zu erklären und zu verstehen. Sie sind nicht die Realität selbst.

Reflexion des Lichtes

Jeder von uns schaut täglich mehrmals in einen Spiegel. Er ist ein vertrauter Gegenstand. Spiegelnde Wasserflächen in der Natur können uns erfreuen. Manche Spiegel vergrößern, verkleinern oder verzerren. Eine andere verwirrende Spiegelung zeigt das nebenstehende Foto. Sind das sechs Jungen oder nur einer? Kannst du dir vorstellen, wie das Foto entstanden ist?

Reflexion am ebenen Spiegel

Eine ruhige Wasserfläche, Glasscheiben aber auch ebene, glatt polierte Metalle oder Steine können spiegeln.

EXPERIMENT 1
Ein großer ebener Spiegel steht genau senkrecht auf einem weißen Tisch mit Karomuster in einem dunklen Raum. Vor ihm stehen eine brennende Kerze und ein Klebestift.
Was beobachtest du?
Beschreibe die Beobachtung genau!

Du erkennst die Gegenstände und ihre Spiegelbilder. Das Licht, das von den Gegenständen ausgeht, wird vom Spiegel zurückgeworfen, es wird reflektiert. Du erkennst sogar die Schatten.
Mithilfe des Karomusters lässt sich die Lage der Gegenstände sowie ihrer Spiegelbilder maßstabsgerecht zeichnen. Aus dem Experiment und der Zeichnung (Bild 1, nächsten Seite) kannst du erkennen:

Reflexion des Lichtes

- Die Geraden zwischen der Kerze bzw. dem Klebestift und ihren Spiegelbildern bilden mit dem Spiegel jeweils einen rechten Winkel.
- Die Abstände zwischen Kerze (Klebestift) und Spiegel sowie zwischen Spiegel und Spiegelbild der Kerze (des Klebestiftes) sind gleich groß.

Das entspricht deinen Erfahrungen. Berührst du mit der Nase einen Spiegel, tut dies auch dein Spiegelbild. Gehst du zurück, so erscheint dein Spiegelbild in gleichem Abstand „hinter" der Spiegelfläche.

Reflexionsgesetz

EXPERIMENT 2
Legt einen kleinen Spiegel flach auf den Fußboden. Zwei Schüler versuchen, sich aus unterschiedlichen Stellen des Raumes im Spiegel anzuschauen. Gelingt es bei einer bestimmten Stellung, so spannt ein Seil vom Auge zum Spiegel und von dort weiter zum Auge des anderen. Wiederholt das Experiment mehrmals bei anderen Stellungen und betrachtet den Verlauf des Seils. Achtet besonders auf die Winkel!

Das Experiment 2 lässt sich auch so durchführen, dass die Schülerin auf dem Stuhl dem Schüler auf der Leiter mit einer Taschenlampe über den Spiegel am Boden in die Augen leuchtet. Ist der Raum abgedunkelt und etwas Staub in der Luft, sieht man die Lichtbündel, ähnlich wie das Seil in Bild 2. Das einfallende Licht wird vom Spiegel reflektiert.

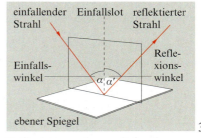

Reflexion am ebenen Spiegel

> Trifft Licht auf einen Spiegel, so wird es zurückgeworfen. Man sagt auch, es wird reflektiert.

In Bild 3 ist eine Skizze des Experiments dargestellt. Dort, wo der Lichtstrahl auf die Spiegelebene trifft, ist senkrecht zur Spiegelebene eine Hilfslinie gezeichnet. Man nennt sie das Einfallslot. Den Winkel zwischen einfallendem Strahl und Einfallslot bezeichnet man als Einfallswinkel α, den Winkel zwischen reflektiertem Strahl und Einfallslot bezeichnet man als Reflexionswinkel α'. Im Experiment 2 kann man außerdem erkennen, dass einfallender Strahl, Einfallslot und reflektierter Strahl in der gleichen Ebene liegen.

EXPERIMENT 3
Richte das Lichtbündel einer Heftleuchte mit Spaltblende genau auf den Mittelpunkt der Winkeleinteilung auf der Kreisscheibe. Lege den ebenen Spiegel an die Verbindungslinie der 90°-Markierung.
1. Miss den Einfallswinkel α und den zugehörigen Reflexionswinkel α'!
2. Notiere die gemessenen Winkel in einer Tabelle!
3. Führe Messungen für fünf verschiedene Einfallswinkel durch!
4. Vergleiche jeweils Einfallswinkel und Reflexionswinkel!

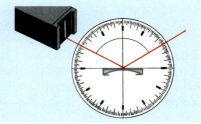

Beim Vergleich von Einfallswinkel und Reflexionswinkel stellst du fest, dass beide gleich groß sind. Diese Aussage lässt sich auch als Gleichung schreiben.
Aus all diesen Experimenten ergibt sich das **Reflexionsgesetz:**

> Bei der Reflexion sind Einfallswinkel α und Reflexionswinkel α' gleich groß: $\alpha = \alpha'$.
> Einfallender Strahl, Einfallslot und reflektierter Strahl liegen in einer Ebene.

Das Experiment mit der Taschenlampe lässt sich auch umgekehrt durchführen: Der Schüler auf der Leiter leuchtet über den Spiegel der Schülerin auf dem Stuhl in die Augen. Es gilt immer:

> Jeder Lichtweg kann vom Licht auch in umgekehrter Richtung durchlaufen werden.

Reflexion an unterschiedlichen Flächen

Stell dir vor, in deinem Zimmer wären die Wände und die Decke, dein Teppich und die Möbel schwarz. Selbst die hellsten Deckenstrahler würden kaum für eine ausreichende Beleuchtung sorgen.

> **EXPERIMENT 4**
> 1. Stelle in einem dunklen Raum eine brennende Kerze vor dich auf den Tisch und lege ein Heft davor. Stelle ein Buch so zwischen Heft und Kerze, dass das Kerzenlicht nicht auf das Heft fällt! (Im Raum sollte es so dunkel sein, dass du den Text nicht lesen kannst.)
> 2. Halte ein weißes Blatt Papier neben das Buch! Kannst du den Text lesen?
> 3. Halte anschließend schwarzen und farbigen Karton daneben.

1

Wenn du das weiße Blatt an die richtige Stelle hältst, kannst du tatsächlich lesen. Mit hellblauem Karton geht es auch noch, aber dunkelroter Karton erzeugt nur einen rötlichen Schimmer im Heft. Wird schwarzer Karton daneben gehalten, bleibt das Heft dunkel.

> Helle Oberflächen reflektieren auftreffendes Licht sehr gut. Dunkle Oberflächen reflektieren wenig Licht. Sie absorbieren je nach Farbton unterschiedlich viel Licht.

Reflexion an rauen Flächen. Betrachtet man eine raue Fläche genauer, so erkennt man deren Struktur (Bild 2). Die Oberfläche hat an jeder Stelle eine andere Richtung. Treffen parallele Lichtbündel auf eine solche raue Fläche, werden diese in alle Richtungen zurückgeworfen. An jeder kleinen Stelle gilt dabei das Reflexionsgesetz.

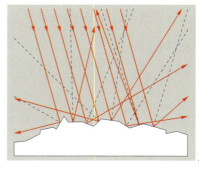
2

Reflexion des Lichtes • Projekt

Mit Spiegeln um die Ecke schauen

Periskop. Wer aus einem Versteck herausschauen will, ohne den Kopf hinauszustecken, kann das mithilfe eines Gerätes aus zwei Planspiegeln tun. Oder er kann damit bei Open-Air-Festivals über viele Köpfe hinweg das Geschehen auf der Bühne verfolgen (Bild 1). Man nennt dieses Gerät Periskop (aus den griechischen Wörtern *peri* für *ringsum* und *skopein* für *schauen*).

AUFTRAG 1
Baue dir aus Pappe und zwei Taschenspiegeln ein Periskop!
Bauanleitung: Übertrage zuerst den Bauplan auf einen Bogen Karton oder Pappe. Schneide an den durchgezogenen Linien aus. Die gestrichelten Linien stellen Falzlinien dar, die du etwas einritzt. Falte den Karton entlang dieser Falzlinien zu einer eckigen Röhre. Bevor du die Röhre zusammenklebst, musst du die Spiegel aufkleben.

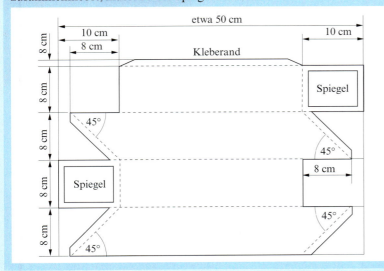

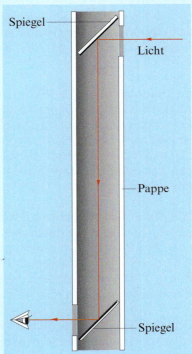

Weg des Lichtes in einem Periskop

Kaleidoskop. 1816 erfand Sir David Brewster eine Röhre, in der wie durch Zauberei Muster in unendlicher Wiederholung erscheinen. Er gab ihr den Namen Kaleidoskop – Schön-Bild-Seher.

AUFTRAG 2
Baue dir ein Kaleidoskop!
Du benötigst dazu: mit Spiegelfolie beschichtete Pappe, Pappe, bunte durchsichtige Plastikstückchen, durchsichtige Folie, weißes Schreibpapier, Schere, Klebstoff
Bauanleitung: Fertige aus der Spiegelpappe ein gleichseitiges Prisma (Bild 4). Zum Hineinschauen wird ein dreieckiges Stück Pappe mit Loch auf die eine Öffnung des Prismas geklebt. Gegen das andere Ende klebst du durchsichtige Folie. Um diese herum musst du einen etwa 3 cm breiten Pappstreifen kleben, der zur Hälfte übersteht und die Kammer für die bunten Plastikstückchen bildet. Fülle die Kammer und verschließe sie mit weißem Schreibpapier.

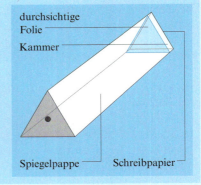

Optik

Von der spiegelnden Wasserfläche zum Reflexionsgesetz

Auf den vorangegangenen Seiten gibt es drei Experimente zur Reflexion des Lichtes. Es lohnt sich, diese im Rückblick noch einmal zu betrachten. An ihnen lassen sich beispielhaft die Denk- und Arbeitsweisen in der Physik veranschaulichen.
Die experimentelle Methode ist kennzeichnend für die Naturwissenschaft „Physik". Mit ihr ist die Entwicklung von Begriffen und Gesetzen eng verknüpft.

Ausgangspunkt ist die Erscheinung der Spiegelung, wie an Fensterscheiben, polierten Gegenständen oder auf Wasserflächen (Bilder 1 bis 4 auf S. 46). Man sieht Gegenstände aus der Umgebung als Spiegelbild. Oft kann man zunächst gar nicht ermitteln, wo sich der Gegenstand befindet. Man kann sogar Original und Spiegelbild verwechseln.

Im Experiment 1 auf S. 46 wird die Erscheinung Spiegelung nachgestellt. Hier sind alle Gegenstände und der Spiegel übersichtlich und zielgerichtet aufgebaut. Im Aufbau des Experimentes stecken schon einige theoretische Überlegungen.
Die wichtigste Erkenntnis dieses ersten Experiments ist die Gleichheit der Abstände und Winkel zwischen den Gegenständen und ihren Spiegelbildern.

Wenn man nun das Lichtstrahlmodell verwendet, lässt sich die Erforschung der Reflexion durch das Experiment 2 auf S. 47 weiterführen. Dazu kann man Vermutungen über den Einfallswinkel und den Reflexionswinkel aufstellen, die sich auf die Erfahrungen aus Experiment 1 stützen. Genauer wird die Rolle des Einfallslots und der Ebene in der sich die Lichtstrahlen befinden untersucht.

Offen bleibt die Frage, ob es einen Zusammenhang zwischen Einfallswinkel und Reflexionswinkel gibt.

Nun wird die Vermutung, dass Einfalls- und Reflexionswinkel gleich groß sind, durch das Experiment 3 auf S. 47 überprüft.
Diese exakte Messung wurde also durch theoretische Überlegungen vorbereitet.

Aus den Experimenten lässt sich das Reflexionsgesetz ableiten.

Ein solches Gesetz kann nun angewendet werden, z. B. beim Bau eines Periskops (Projekt S. 49).

Der dargestellte Weg von der spiegelnden Wasserfläche bis zur Anwendung des Reflexionsgesetzes zeigt, wie man in der Physik denkt und arbeitet. Die experimentelle Methode wird euch bei vielen anderen Themen der Physik wieder begegnen.

Erscheinung wahrnehmen

Erscheinung im Experiment beobachten

Experiment mit Lichtstrahlmodell präzisieren

Experiment mit Messungen durchführen
Reflexionsgesetz ableiten

Gesetz anwenden

Reflexion des Lichtes

AUFGABEN

1. Wie lautet das Reflexionsgesetz?
2. Wie groß ist bei der Reflexion der Einfallswinkel, wenn der Winkel zwischen reflektiertem Bündel und ebenem Spiegel 60° beträgt?
3. Ein Lichtstrahl fällt zunächst senkrecht auf einen ebenen Spiegel. Um wie viel Grad muss man den Spiegel drehen, damit das Lichtbündel um 40° abgelenkt wird?
4. Wie müssen zwei Planspiegel angeordnet werden, wenn man um die Ecke schauen will?
5. Wie muss ein Lichtbündel in einem quadratischen, verspiegelten Raum verlaufen, damit es ein Quadrat beschreibt? Zeichne es auf!
6. Am ausgestreckten Arm kannst du in einem Handspiegel einen Teil deines Gesichts – von den Augen bis zum Mund – sehen. Nun willst du das ganze Gesicht sehen. Geht das?
7. Stelle dich vor einen Spiegel. Zeichne auf dem Spiegel mit ausgestrecktem Arm die Umrisse deines Kopfes nach. Vergleiche die Größe deines Kopfes mit der Größe des Bildes auf dem Spiegel! Was stellst du fest?
8. Wodurch unterscheidet sich die Reflexion des Lichtes an glatten und an rauen Flächen?
9. Du willst in deinem Zimmer einen ebenen Spiegel aufhängen, in dem du dich vom Scheitel bis zur Sohle sehen kannst. Wie hoch muss er mindestens sein?
10. In den weißen Kästen befinden sich ebene Spiegel. Zeichne auf Transparentpapier die Lage der Spiegel ein, zu denen die einfallenden und die reflektierten Strahlen gehören!

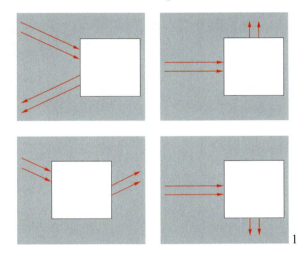

ZUSAMMENFASSUNG

Trifft Licht auf einen Spiegel, so wird es reflektiert.

Reflexionsgesetz
Einfallswinkel α und Reflexionswinkel α' sind gleich groß: $\alpha = \alpha'$.
Einfallender Strahl, Einfallslot und reflektierter Strahl liegen in einer Ebene.

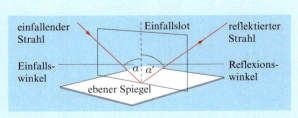

Ebener Spiegel. Einfallende parallele Lichtbündel verlaufen auch nach der Reflexion parallel.

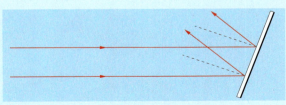

Reflexion an rauen Flächen. Treffen parallele Lichtbündel auf eine raue Fläche, werden sie in alle Richtungen reflektitiert.

Brechung des Lichtes

Ein Trinkhalm in einem Wasserglas oder der Löffel im Tee erscheinen nach oben abgeknickt, wenn man sie durch die Flüssigkeitsoberfläche unter bestimmten Winkeln betrachtet. Stehst du bis zum Bauch im Wasser, so sehen deine Beine kürzer aus.
Ein gefülltes Schwimmbecken erscheint flacher, als es in Wirklichkeit ist.
Solche optischen Effekte, wie scheinbares Verkürzen, Anheben und Abknicken, treten auf, wenn wir schräg ins Wasser hineinschauen.

Erscheinungen der optischen Brechung

Wenn man einen Stein aus dem Wasser holen will, kann es passieren, dass man daneben greift. Es gibt Indianer, die mit Pfeilen aus Booten heraus Fische jagen. Wohin müssen sie zielen, um zu treffen? Dieses kannst du mit folgenden Experimenten herausfinden:

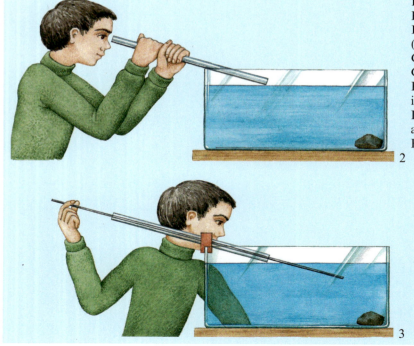

EXPERIMENT 1
Peile mit einem durchsichtigen Kunststoffrohr einen Stein (unseren „Fisch") an, der auf dem Grund eines wassergefüllten Glastroges liegt (Bild 2).
Befestige das Rohr in der Stellung, in der du den Stein siehst.
Lass einen starren, geraden Stab als „Pfeil" ins Rohr fallen (Bild 3).
Fehlschuss!

Brechung des Lichtes

Warum hast du nicht getroffen?
Eine Antwort erhältst du, wenn du den Weg des Lichtes vom Stein ins Auge untersuchst.
Du weißt bereits, dass sich das Licht in Luft geradlinig ausbreitet. In der Luft ist also der grün eingezeichnete Weg der einzig mögliche (Bild 1).
Falls sich das Licht im Wasser ebenfalls geradlinig ausbreitet, müsste es dort auf dem rot eingezeichneten Weg verlaufen.
Am Übergang von Wasser zu Luft käme es zu einem Knick. Diese Vermutung kannst du mit dem folgenden Experiment überprüfen:

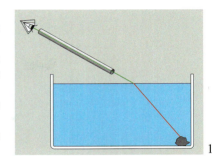

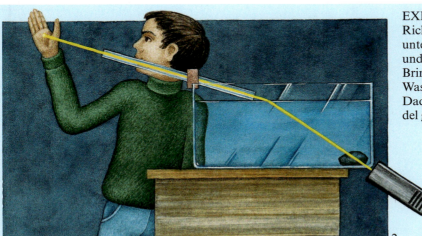

EXPERIMENT 2
Richte ein Lichtbündel so von unten ein, dass es den Stein streift und durch das Glasrohr trifft. Bringe etwas Milch oder Seife ins Wasser und Rauch ins Rohr. Dadurch kannst du das Lichtbündel gut erkennen.

Du beobachtest, dass das Licht im Wasser tatsächlich geradlinig verläuft und beim Austritt in die Luft abknickt. Man sagt dazu: Licht wird gebrochen und spricht von Brechung des Lichtes.
Schickt man ein Lichtbündel von oben durch das Glasrohr, so trifft es beim Stein auf. Der Verlauf ist genau umgekehrt, wie in Bild 2. Auch bei der Lichtbrechung ist der Lichtweg umkehrbar.
Die Beobachtungen lassen sich folgendermaßen zusammenfassen:

> Geht ein Lichtbündel von Luft in Wasser bzw. von Wasser in Luft über, so wird es an der Grenzfläche gebrochen.

Brechungsgesetz

Die Brechung des Lichtes kann noch genauer untersucht werden. In Bild 3 ist der Strahlenverlauf bei der Brechung des Lichtes dargestellt. Senkrecht zur Grenzfläche ist das Einfallslot eingezeichnet. Den Winkel zwischen einfallendem Strahl und Einfallslot bezeichnet man als Einfallswinkel α, den Winkel zwischen gebrochenem Strahl und Einfallslot nennt man Brechungswinkel β.
Welcher Zusammenhang besteht bei der Brechung des Lichtes zwischen Einfallswinkel und Brechungswinkel?

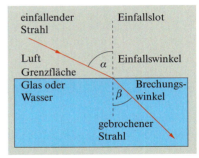

EXPERIMENT 3
1. Lenke das Lichtbündel für verschiedene Einfallswinkel α auf den Mittelpunkt der Kreisscheibe!
2. Miss den jeweils dazugehörigen Brechungswinkel β!
3. Trage die Einfallswinkel und die dazugehörigen Brechungswinkel in eine Tabelle ein!
4. Vergleiche den jeweiligen Betrag von Einfallswinkel und Brechungswinkel!

Eine mögliche Messwertetabelle sieht folgendermaßen aus:

Einfallswinkel α (in Luft):	0°	10°	20°	30°	40°	50°	60°	70°	80°
Brechungswinkel β (in Glas):	0°	6°	12°	18°	23,5°	28°	32,5°	36°	38°

Du erkennst: Beim Übergang eines Lichtbündels von Luft in Glas oder Wasser ist der Brechungswinkel immer kleiner als der Einfallswinkel. Man kann auch formulieren: Das aus der Luft kommende Licht wird zum Lot hin gebrochen.
Wenn das Licht aber senkrecht auf die Grenzfläche trifft, wird es nicht gebrochen.
So lässt sich das **Brechungsgesetz** formulieren:

> Wenn Lichtbündel von Luft in Glas oder Wasser übergehen, so werden sie an der Grenzfläche zum Lot hin gebrochen.
> Der Brechungswinkel ist stets kleiner als der Einfallswinkel.
> (Für α > 0° gilt immer β < α.)

Aus dem Wasser leuchten

In Bild 2 befindet sich eine Lampe unter Wasser, die Lichtbündel in verschiedene Richtungen aussendet. Du erkennst: Geht Licht von Wasser in Luft über, so werden die Lichtbündel 1 bis 5 vom Lot weg gebrochen.
Fällt ein Lichtbündel senkrecht auf die Grenzfläche (α = 0°), wird es nicht gebrochen.
Ist der Einfallswinkel im Wasser zu groß, wie bei Lichtbündel 6, gibt es keine Brechung mehr. Alles einfallende Licht wird reflektiert. Man nennt diese Erscheinung **Totalreflexion**.

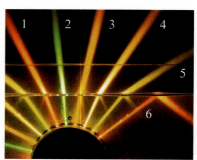

Eine Lampe unter Wasser

Brechung des Lichtes

Für den Übergang des Lichtes von Wasser in Luft lautet das Brechungsgesetz:

> Wenn Lichtbündel von Wasser (oder Glas) in Luft übergehen, so werden sie an der Grenzfläche vom Lot weg gebrochen.
> Der Brechungswinkel ist stets größer als der Einfallswinkel.
> (α ist der Einfallswinkel im Wasser; für $\alpha > 0°$ gilt: $\beta > \alpha$.)

Bei den Lichtbündeln 1 bis 5 kannst du noch etwas beobachten: Ein kleiner Teil des Lichtes wird reflektiert. Das kennst du auch von Fensterscheiben oder Wasseroberflächen.

Brechung des Lichtes beim Durchgang durch Körper

Bisher wurde die Brechung von Licht an einer Grenzfläche von zwei Stoffen, wie zum Beispiel Luft und Wasser oder Luft und Glas, untersucht. Wie erfolgt aber der Durchgang durch einen lichtdurchlässigen Körper? Dazu kannst du Experimente mit Glaskörpern verschiedener Form durchführen.

Planparallele Platte. Sind die beiden Grenzflächen eben (auch „plan" genannt) und zueinander parallel, so wie bei einer Fensterscheibe, dann spricht man in der Optik von einer planparallelen Platte.

> EXPERIMENT 4
> 1. Richte auf eine dicke planparallele Platte aus Glas ein schmales Lichtbündel. Beschreibe die Vorgänge an den beiden Grenzflächen!
> 2. Drehe die planparallele Platte und beschreibe die Veränderungen des Lichtweges!
> 3. Vergleiche den Verlauf des in den Glaskörper eintretenden Lichtbündels mit dem Verlauf des aus dem Glaskörper austretenden Lichtbündels!

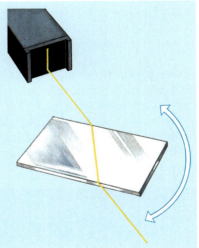

Das Experiment zeigt:

> Eine planparallele Platte verändert nicht die Richtung eines Lichtbündels. Das Lichtbündel wird nur seitlich versetzt.

Prisma. Sind die beiden Grenzflächen eines Glaskörpers nicht parallel, sondern keilförmig angeordnet, so nennt man ihn Prisma. Ein einfallendes Lichtbündel wird zweimal gebrochen (Bild 2). Beide Male gilt das Brechungsgesetz.
– Beim Übergang von Luft in Glas wird das Lichtbündel zum Lot hin gebrochen.
– Beim Übergang von Glas in Luft wird das Lichtbündel vom Lot weg gebrochen.
– Insgesamt wird das Licht abgelenkt.
So kann man mit einem Prisma um die Ecke schauen (Bild 1).
Bild 3 zeigt ein rechtwinkliges Prisma – ein so genanntes **Umkehrprisma**. Trifft das Licht auf die Basisfläche, wird es innerhalb des Prismas zweifach reflektiert. Es verlässt das Prisma wieder in der Richtung, aus der es gekommen ist (Bild 3a). Trifft das Licht senkrecht auf eine Seitenfläche, dann wird die Richtung um 90° abgelenkt (Bild 3b). Ein Umkehrprisma kann also dieselbe Aufgabe wie ein Spiegel übernehmen. Der Vorteil des Prismas besteht jedoch darin, dass das Licht beim Durchgang nicht gebrochen, sondern vollständig reflektiert wird. Bei der Reflexion an einem Spiegel treten dagegen immer Verluste auf.

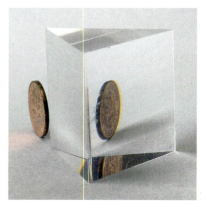

Ein Blick um die Ecke

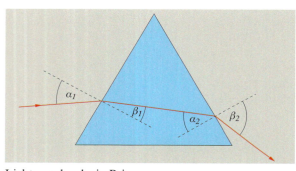

Lichtweg durch ein Prisma

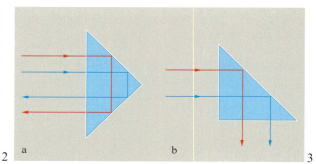

Lichtweg durch ein Umkehrprisma

Farben bei der Brechung. Wenn man ein schmales weißes Lichtbündel durch ein Prisma sendet, kann man Folgendes feststellen (Bild 4): Das Lichtbündel wird leicht aufgeweitet und es entstehen farbige Streifen. Man nennt sie **Spektrum**. Ein Beispiel dafür, dass bei der Lichtbrechung Farben entstehen können, ist der Regenbogen. Weißes Sonnenlicht wird an den Regentropfen gebrochen und in Farben zerlegt (Bild 5).

Farbzerlegung am Prisma: Spektrum

Farbzerlegung an Regentropfen: Regenbogen

Brechung des Lichtes

AUFGABEN

1. Wohin muss man zielen, wenn man einen Fisch im Wasser mit einem Speer treffen will? Fertige dazu eine Zeichnung an!
2. Du siehst vom Ufer einen schönen Stein auf dem Grund des Sees liegen, tauchst und holst ihn an Land. Nun sieht er kleiner aus. Warum?
3. Ein Lichtbündel trifft unter einem Einfallswinkel von 50° auf die Wasseroberfläche einer am Boden verspiegelten Wanne. Zeichne den Verlauf des Lichtbündels bis es das Wasser wieder verlässt! (Der Brechungswinkel beträgt 35°.)
4. Peile über die Kante einer Glasscheibe eine senkrechte Linie an – z. B. einen Fensterrahmen. Drehe nun die Glasscheibe um ihre vertikale Achse. Beschreibe deine Beobachtung und erkläre sie!

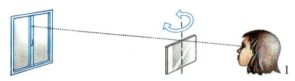

5. Ist es möglich, dass Thomas Silvia im Wasser sehen kann? Kann Silvia Thomas sehen? Erkläre die Vorgänge mithilfe einer Skizze!

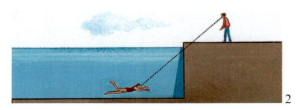

6. Erkläre Schritt für Schritt den Verlauf der Lichtbündel und benenne die Vorgänge an den Grenzflächen! Ist die Zeichnung vollständig?

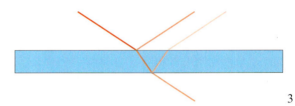

ZUSAMMENFASSUNG

Wenn Lichtbündel von Luft in Glas oder Wasser übergehen, so werden sie an der Grenzfläche zum Lot hin gebrochen. Der Brechungswinkel ist stets kleiner als der Einfallswinkel.
Für $\alpha > 0°$ gilt immer: $\beta < \alpha$.

Wenn Lichtbündel von Glas oder Wasser in Luft übergehen, so werden sie an der Grenzfläche vom Lot weg gebrochen. Der Brechungswinkel ist stets größer als der Einfallswinkel.
Für $\alpha > 0°$ gilt: $\beta > \alpha$.

Beim Durchgang durch eine planparallele Platte werden Lichtbündel seitlich versetzt.

Beim Durchgang durch ein Prisma wird ein Lichtbündel zweimal gebrochen und dadurch abgelenkt.

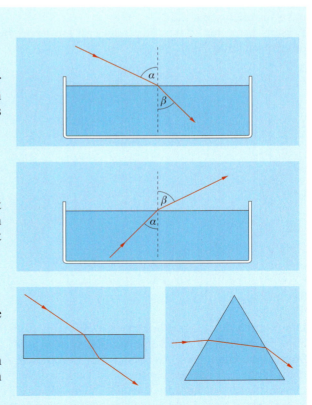

58 Bildentstehung mit Linsen

Wassertropfen auf einer steifen Klarsichtfolie bilden „Linsen". Damit kann man z. B. Schrift vergrößern. Für Brillen oder Lupen sind solche Wasserlinsen jedoch ungeeignet. Da braucht man einen festen Stoff.

Optische Linsen

Optische Linsen stellt man aus durchsichtigem Glas oder Kunststoff her. Wenn sie am Rand dünner sind als in der Mitte, handelt es sich um Sammellinsen (Bild 2).
Linsen, die in der Mitte dünner sind als am Rand, heißen Zerstreuungslinsen (Bild 3).

Sammellinsen

Zerstreuungslinsen

Die Namen der Linsen beschreiben ihre Eigenschaften. Mit einer Sammellinse, die du als Lupe kennst, kannst du das Licht von der Sonne oder einer weit entfernten Lampe in einem kleinen Fleck sammeln (Bild 1, folgende Seite). Das Licht solcher weit entfernten Gegenstände ist nahezu parallel. Der Abstand der Linse zum Sammelpunkt des Lichtes auf der Wand entspricht der Brennweite

Bildentstehung mit Linsen

Sammeln von Sonnenlicht

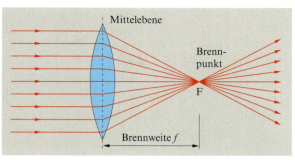
Brennpunkt einer Sammellinse

der Linse. In Bild 2 ist der Vorgang mithilfe von Lichtstrahlen dargestellt. Eigentlich wird das Licht zweimal, nämlich an den beiden Oberflächen der Linse, gebrochen. Zur Vereinfachung kann man aber die Zeichnung so ausführen, als würde nur eine Brechung an der Mittelebene der Linse auftreten. Alle parallel einfallenden Lichtstrahlen verlaufen nach der Brechung an der Linse durch den Brennpunkt.

Übrigens

Die Brechkraft ist umso größer, je kleiner die Brennweite einer Sammellinse ist. Ihre Einheit ist die Dioptrie (abgekürzt: dpt).
1 dpt = 1/m.
Beispiel:
Brennweite: $f = 0{,}2$ m
Brechkraft: $1/0{,}2$ m = 5 dpt.
Unser Auge hat übrigens eine Brechkraft von 60 dpt.

Bildentstehung mit Sammellinsen

Mit Sammellinsen lassen sich von Gegenständen Bilder erzeugen. Diese kann man auf einer Leinwand oder einem Papierschirm auffangen.
Mit einem hell leuchtenden Gegenstand, wie einer Lampe oder Kerze, ist am besten zu experimentieren.

EXPERIMENT 1
Stellt eine Sammellinse mit einer Brennweite von ungefähr 100 mm etwa 20 cm vor einer Kerze auf. Bewegt den Schirm so lange, bis ihr ein scharfes Bild der Kerzenflamme erhaltet. In welchem Abstand von Linse und Schirm gelingt das? Vergleicht die Größen von Kerzenflamme und ihrem Bild!

Wie im Experiment 1 festgestellt, gilt:

> Befindet sich ein Gegenstand außerhalb der Brennweite einer Sammellinse, so steht sein Bild auf dem Kopf und ist seitenverkehrt. Gegenstand und Bild befinden sich auf verschiedenen Seiten der Sammellinse.

Für jeden Abstand Gegenstand–Linse gibt es genau einen Abstand Linse–Schirm, bei dem ein scharfes Bild entsteht (Bild 1).
Je nach Größe der Abstände ist das Bild größer oder kleiner als der Gegenstand. Dabei zeigen sich folgende Zusammenhänge:

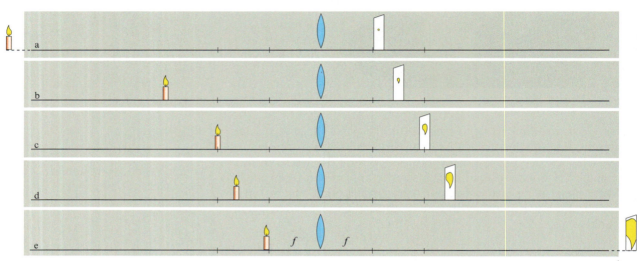

1

Das kleinste Bild entsteht dicht am Brennpunkt, wenn der Gegenstand sehr weit weg ist.
Das größte Bild entsteht auf einem Schirm in großer Entfernung, wenn der Gegenstand sich dicht am Brennpunkt (aber noch außerhalb der Brennweite) befindet.

Strahlenverlauf an Sammellinsen

Wie die Bilder an Sammellinsen entstehen, kannst du dir mithilfe des Verlaufs von Lichtstrahlen erklären. Zum Strahlenverlauf kannst du auch ein einfaches Experiment machen.
Vorher solltest du dir jedoch das Bild 2 anschauen: Jede Sammellinse hat zwei Brennpunkte, die symmetrisch zur Mittelebene auf der optischen Achse liegen.
Du erkennst Lichtstrahlen, die parallel zur optischen Achse verlaufen; sie heißen Parallelstrahlen. Außerdem sind Brennpunkt- und Mittelpunktstrahlen eingezeichnet.

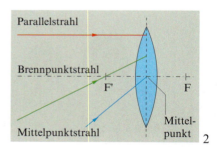

2

EXPERIMENT 2
1. Lege eine Sammellinse (aus der Heftoptik) auf ein Blatt Papier und zeichne die optische Achse ein!
2. Bestimme mit Lichtbündeln, die wie Parallelstrahlen einfallen, die Brennpunkte der Linse. Zeichne beide Brennpunkte ein!
3. Richte das Lichtbündel so auf die Linse, dass es wie ein Brennpunktstrahl verläuft.
   Betrachte den Verlauf des Lichtbündels hinter der Linse!
4. Wiederhole das Experiment mit einem Lichtbündel, das wie ein Mittelpunktstrahl verläuft!

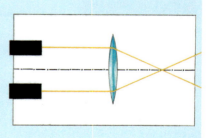

3

Bildentstehung mit Linsen 61

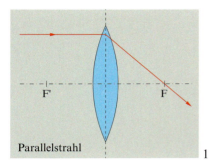
Parallelstrahl 1

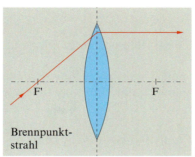
Brennpunktstrahl 2

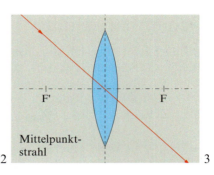
Mittelpunktstrahl 3

Aus Parallelstrahlen werden beim Durchgang durch Sammellinsen Brennpunktstrahlen.
Brennpunktstrahlen werden beim Durchgang durch Sammellinsen zu Parallelstrahlen.
Mittelpunktstrahlen werden durch Sammellinsen nicht gebrochen und durchlaufen sie geradlinig.

Konstruktion von Bildern

Bisher wurde der Verlauf von Lichtbündeln durch Sammellinsen untersucht und Gegenstände abgebildet. Die auf dem Schirm aufgefangenen Bilder nennt man wirkliche oder reelle Bilder.

Nun soll mithilfe der Gesetze über Lichtstrahlen an Linsen versucht werden, das Bild eines Gegenstandes zeichnerisch zu finden, man sagt: zu konstruieren. Stelle dir dazu der Einfachheit halber einen nahezu punktförmigen Gegenstand, z. B. eine kleine Lampe, vor. Das von dort ausgehende Licht breitet sich geradlinig in alle Raumrichtungen aus. In Bild 4 ist davon eine Ebene gezeichnet.

Für die Abbildung des punktförmigen Gegenstandes G kommt natürlich nur das Licht infrage, das auf die Linse trifft. Dieses Licht sammelt die Linse in einem Punkt. Man nennt ihn Bildpunkt B. Wenn du die gezeichneten Strahlen (Bild 4) genauer betrachtest, fallen dir drei besonders auf. Du hast sie bereits im Experiment 2 kennen gelernt. Sie sind farblich hervorgehoben: Parallelstrahl (rot), Mittelpunktstrahl (blau) und Brennpunktstrahl (grün).

Um den Bildpunkt B eines Gegenstandes G zu konstruieren, benötigst du nur zwei der drei genannten Strahlen.

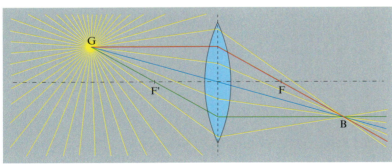

Abbildung eines Gegenstandspunktes
4

Scheinbare Bilder

Bisher hast du bei den Experimenten mit Sammellinsen wirkliche Bilder auf Schirmen aufgefangen.
Dagegen lassen sich die Spiegelbilder an einem ebenen Spiegel nicht mit einem Schirm auffangen: Sie erscheinen uns hinter der Spiegeloberfläche.

> Bilder, die nicht mit einem Schirm aufgefangen werden können, heißen scheinbare oder virtuelle Bilder.

Was mit dem Bild passiert, wenn man den Gegenstand von großer Entfernung bis zum Brennpunkt auf die Linse zu bewegt, hast du bereits untersucht (Bild 1, S. 60). Was geschieht mit dem Bild, wenn der Gegenstand noch dichter an die Linse gerückt wird, sodass er innerhalb der Brennweite steht?

EXPERIMENT 3
1. Ordne eine Sammellinse, eine Kerze und einen Schirm so auf dem Tisch an wie in Bild 1. Betrachte den Schirm!
2. Schaue vom Schirm zur Linse (Bild 2). Was siehst du?

Im Bild 1 ist der Schirm zwar hell, aber es ist kein Bild der Kerzenflamme erkennbar.
Befindet sich die Kerze innerhalb der Brennweite einer Sammellinse, dann sieht man durch die Linse ein Bild. Es ist vergrößert und aufrecht.
Es ist ein scheinbares Bild, wie das Bild eines Spiegels. Man kann es nicht mit einem Schirm auffangen.
Für Gegenstände innerhalb der Brennweite wirken Sammellinsen als **Lupe**. Man kann damit kleine Dinge vergrößert betrachten, wie es z. B. Uhrmacher tun.
Wenn du nun versuchst, wie gewohnt das Bild der Kerzenspitze zu konstruieren, stellst du fest, dass es keinen Schnittpunkt der Strahlen hinter der Linse gibt (Bild 3).
Das Licht der Kerze wird nicht hinter der Linse gesammelt. Es entsteht kein reelles Bild.
Wenn man die Strahlen jedoch rückwärts verlängert, ergibt sich ein Schnittpunkt. Hier lässt sich das vergrößerte Bild hinter dem Gegenstand konstruieren. Mithilfe einer solchen Konstruktion kannst du die vergrößernde Wirkung einer Lupe bestimmen.

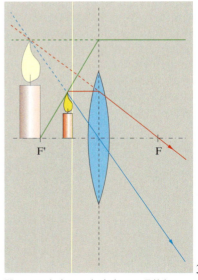

Konstruktion scheinbarer Bilder

Bildentstehung mit Linsen

Projekt

Lochkamera

AUFTRAG 1
Stich mit einem Nagel in ein Stück Pappe ein Loch mit einem Durchmesser von etwa 2 mm. Versuche nun, in einem verdunkelten Raum eine Kerzenflamme mithilfe des Loches an einer Wand abzubilden. Verändere dazu die Abstände zwischen Kerze und Wand, zwischen Kerze und Loch sowie zwischen Loch und Wand!
Du wirst feststellen, dass das Loch ein Kopf stehendes und seitenverkehrtes Bild der Kerzenflamme erzeugt (Bild 1). Wie kannst du dieses Bild vergrößern oder verkleinern?
Probiere auch aus, was passiert, wenn du ein kleineres oder ein größeres Loch verwendest!

1

Mit dem „Lochprinzip" kannst du sogar eine Art Kamera bauen. Bei ihr sieht man Landschaften oder andere Szenen auf einem Schirm aus Transparentpapier.

2

AUFTRAG 2
Baue dir eine Lochkamera!
Du brauchst eine Blechdose oder eine Papprolle mit Deckel. In die Stirnseite machst du mit einem Nagel ein kleines Loch. Auf eine Rolle aus schwarzem Karton, die genau in die Dose passt, klebst du Transparentpapier. Schiebe die Rolle mit dem Transparentpapier nach vorn in die Dose.

Wie lässt sich das Prinzip der Lochkamera verstehen?
Du weißt, dass sich Licht geradlinig ausbreitet. Es verläuft ein Lichtstrahl von einem Punkt des Gegenstandes durch das Loch zu einem dazugehörigen Punkt. Diesen nennt man zugeordneten Bildpunkt. Jedem Punkt des Gegenstandes ist genau ein Bildpunkt zuzuordnen (Bild 3).
Wenn das abbildende Loch sehr klein ist, ist das Bild am schärfsten. Aber es ist sehr lichtschwach. Bei Vergrößerung des Loches wird das Bild zwar heller, aber auch unschärfer.
Besonders eindrucksvoll ist eine große begehbare Lochkamera, in der es vollkommen dunkel ist und die nur durch ein kleines Loch Licht ins Innere lässt. So kann man im Inneren auf einer Leinwand oder einem Schirm ein farbiges Bild der Außenwelt erzeugen.
Solche dunklen Kammern, lateinisch **Camera obscura,** hat man in früheren Zeiten, als es noch keine Fotokameras gab, auf Marktplätzen aufgestellt. Die Menschen waren fasziniert von den Bildern der Kirche, des Schlosses oder der Bäume und Menschen außerhalb.
Vielleicht findet auch ihr es heute noch spannend, dass ein kleines Loch solche Bilder erzeugt?

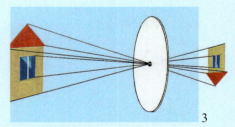
3
Bildentstehung mit einem Loch

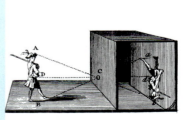
4
Camera obscura

Technik der Linsenherstellung

Auch wenn es heute schon Linsen aus Kunststoff gibt, so ist Glas immer noch der wichtigste Stoff, aus dem Linsen hergestellt werden. Sein Hauptbestandteil ist Quarzsand. In Form fast farbloser, milchig durchscheinender Sandkörner finden wir ihn am Meeresstrand. Quarzsand ist sehr beständig, er schmilzt erst bei einer Temperatur von über 1000 °C.

So einfach heute die Glasherstellung ist, durchsichtiges Glas für Linsen können die Menschen erst seit gut 500 Jahren produzieren. Zwar haben ägyptische Metallschmelzer vor 5000 Jahren schon farbiges Glas gefunden. Da es aber undurchsichtig war, konnte man es nur als Schmuck verwenden.

Glas lässt sich einfach herstellen, indem man Quarzsand und Soda (Natriumcarbonat) mischt und das Gemenge in einem Brennofen auf etwa 1500 °C erhitzt. Die glühende Glasschmelze wird dann in einen Metalltiegel gefüllt. Nach dem Abkühlen lässt sich das Glas herausnehmen.

Die Herstellung von Linsen, zunächst vor allem für Mikroskope, brachte Mitte des 19. Jahrhunderts CARL ZEISS (1816–1888) aus Jena zu Weltruhm. Er war zunächst in der feinmechanisch-optischen Werkstatt der Universität tätig, bevor er die noch heute bekannte Optikfirma gründete.

Das Verfahren zur Herstellung von Linsen ist im Prinzip gleich geblieben. Was im vorigen Jahrhundert in Handarbeit und mit fußbetriebenen Schleif- und Poliermaschinen durchgeführt wurde, geschieht heute in vollautomatisierten Fabrikanlagen.

Ein Blick in die Geschichte

1
2
3

Bildentstehung mit Linsen

AUFGABEN

1. Worin unterscheiden sich Sammel- und Zerstreuungslinsen?
2. Beschreibe eine einfache Möglichkeit, die Brennweite einer Sammellinse zu bestimmen?
3. Kurzsichtige Menschen haben Zerstreuungslinsen, weitsichtige haben Sammellinsen in ihren Brillen. Wie kannst du herausfinden, um welche Art von Linsen es sich handelt?
4. Warum sind in Taschenlampen häufig Sammellinsen eingebaut?
5. Man soll mittags im Sommer bei Sonnenschein nicht die Pflanzen im Garten gießen. Zum einen ist es Wasserverschwendung, weil um diese Tageszeit viel verdunstet. Es gibt aber auch einen Grund, der mit der Optik zu tun hat. Was geschieht, wenn man Wasser auf die Blätter gießt?
6. Wie verändert sich die Größe eines Bildes, wenn man einen Gegenstand aus großer Entfernung zur Sammellinse hin bewegt?
7. Konstruiere das von einer Sammellinse erzeugte Bild eines Punktes! Der Gegenstandspunkt ist 5 cm von der Linse entfernt und liegt 2 cm über der optischen Achse. Die Brennweite f beträgt 3 cm.
8. Bei der Abbildung durch eine Sammellinse ($f = 10$ cm) sind Gegenstand und Bild gleich groß. In welcher Entfernung von der Linse befindet sich dann der Gegenstand? Wo entsteht das Bild?
9. Wie verändert sich das Bild, wenn man die abbildende Sammellinse zur Hälfte mit einer Pappscheibe verdeckt? Verwende bei der Lösung Bild 4, S. 61!

ZUSAMMENFASSUNG

Aus Parallelstrahlen werden beim Durchgang durch Sammellinsen Brennpunktstrahlen.

Mittelpunktstrahlen werden beim Durchgang durch Sammellinsen nicht gebrochen.

Brennpunktstrahlen werden beim Durchgang durch Sammellinsen zu Parallelstrahlen.

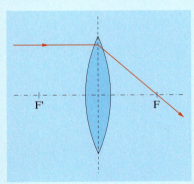
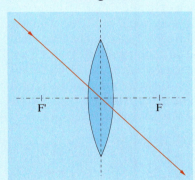
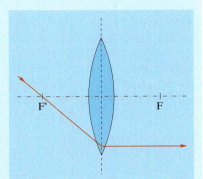

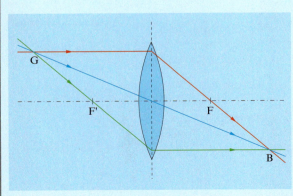

Bei der Abbildung durch Sammellinsen konstruiert man einen Bildpunkt als Schnittpunkt zweier vom Gegenstand ausgehender Strahlen.
Dazu sind Parallel-, Mittelpunkt- und Brennpunktstrahlen geeignet.

66 Auge, Brille, Fernrohr und Mikroskop

Fotografieren und Filmen gehört für viele Menschen zum Urlaub wie Strand, Meer oder Berge. Manch einer sieht erst zu Hause im Fotoalbum, bei der Dia-Show oder bei der Filmvorführung, was im Urlaub alles los war.

Auge und Fotoapparat

Mit optischen Linsen lassen sich von Gegenständen Bilder erzeugen. Bei einem Fotoapparat sind oft mehrere Linsen hintereinander angeordnet, die man Objektiv nennt. Solche Objektive sorgen für eine bessere Abbildung, als einzelne Linsen es können. Der Abstand zwischen Objektiv und Film muss so eingestellt werden, dass der gewünschte Gegenstand auf dem Film scharf abgebildet wird. Beim Auge besorgen Hornhaut und Linse zusammen die Abbildung von Gegenständen. Ein wirkliches Bild entsteht dabei auf der Netzhaut. Das Scharfstellen geschieht durch Muskeln, mit denen die Krümmung der Linse verändert werden kann. Der Abstand von „Objektiv" und Netzhaut ist beim Auge des Menschen nicht veränderbar.

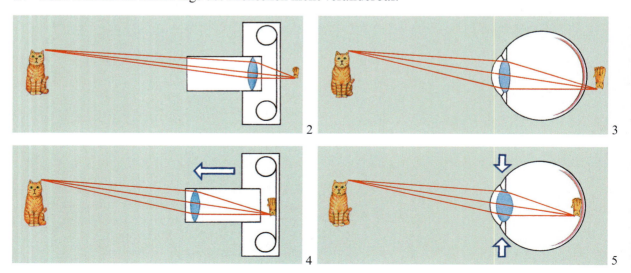

Auge, Brille, Fernrohr und Mikroskop

Bildwerfer

Als Bildwerfer oder Projektoren bezeichnet man Geräte, die es ermöglichen, eine kleine Bildvorlage auf einer Leinwand einer größeren Gruppe von Menschen zu zeigen.

Diaprojektor. Bei einem Diaprojektor (Bild 1) besteht die Vorlage aus einem Diapositiv. Dieses ist in der Regel 24 mm × 36 mm groß. Es befindet sich in einem Rahmen.
Die Abbildung beim Diaprojektor verläuft im Grunde umgekehrt wie beim Fotoapparat (Bilder 2 und 3).

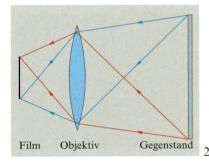

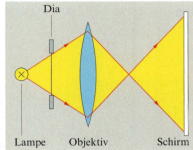

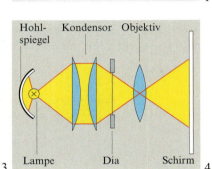

Strahlengang beim Fotoapparat Strahlengang beim Diaprojektor Diaprojektor mit Kondensor

Der abgebildete Diaprojektor (Bild 3) würde jedoch kein gleichmäßig helles Bild liefern. Dazu ist eine weitere Sammellinse, oft auch zwei als Kondensor, vor dem Dia notwendig. Ein zusätzlicher Hohlspiegel sorgt für gute und gleichmäßige Ausleuchtung (Bild 4). Man benötigt helle Lampen und gute Objektive, um Freude an den Bildern zu haben. Außerdem sollte der Vorführraum abgedunkelt sein.

Tageslichtprojektor. Ein Tageslichtprojektor benötigt auch eine Lampe, aber er kann in hellen Räumen betrieben werden. Man nennt ihn auch Overheadprojektor. Beim Tageslichtprojektor muss eine etwa 100fach größere Fläche gleichmäßig ausgeleuchtet werden. Eine so große Kondensorlinse wäre teuer und sehr schwer. Den gleichen Zweck erfüllen dünne Linsen aus Plexiglas, die man nach ihrem Erfinder Fresnellinsen (sprich: Frennel) nennt.

Schon gewusst?

Linsenformen:
Konvex heißt nach außen gewölbt.
Konkav heißt nach innen gewölbt.

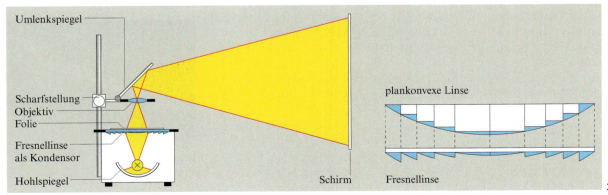

Fernrohre

Um Dinge in größerer Entfernung besser sehen zu können, verwendet man Fernrohre, auch Teleskope genannt (Bild 1).
Im einfachsten Fall bestehen sie aus zwei Linsen: dem Objektiv und dem Okular (Bild 2).
Das Objektiv hat eine große Brennweite. Man könnte mit einem Schirm in der Nähe seines Brennpunktes ein Bild der weit entfernten Gegenstände auffangen. Stattdessen lässt man aber das Licht auf das Okular fallen, das wie eine Lupe wirkt. Auf diese Weise erhält man ein vergrößertes, Kopf stehendes und seitenvertauschtes Bild. Die Vergrößerung in einem solchen Fernrohr hängt von den Brennweiten der beiden Linsen ab. Die Brennweite des Objektivs sollte möglichst groß sein und die des Okulars möglichst klein.

Himmelsbeobachtung mit einem Teleskop

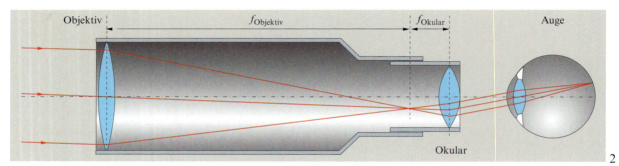

Himmelsfernrohr (nach KEPLER)

Um das Jahr 1600 bauten holländische Linsenschleifer die ersten Fernrohre. Davon erfuhr der italienische Physiker GALILEO GALILEI (1564–1642), der als Erster solche Teleskope zur Himmelsbeobachtung einsetzte. So entdeckte er Gebirge auf dem Mond und die vier hellsten Monde des Planeten Jupiter.
Bei Fernrohren, mit denen man Objekte auf der Erde beobachten will, stört das umgekehrte Bild. Durch eine zusätzliche Sammellinse zwischen Objektiv und Okular wird das Bild aufrecht. Dadurch wird das Erdfernrohr etwas lang und unhandlich. Dem begegnet man beim „Feldstecher" durch mehrfaches Umlenken des Lichtes mit Prismen (Bild 3).
Für astronomische Beobachtungen wurden die Linsenfernrohre (Refraktoren) über 300 Jahre hinweg ständig weiterentwickelt. Größere Brennweiten und Linsendurchmesser ermöglichen eine genaue Erforschung des Sternenhimmels sowie von Sonne, Planeten und Mond.
Noch besser lassen sich die Himmelskörper mit Spiegelteleskopen (Reflektoren) untersuchen. In ihnen wird das Licht nicht durch Linsen, sondern durch einen Hohlspiegel gebündelt.
Um den störenden Einfluss der Erdatmosphäre auszuschalten, sandte man 1990 einen 2,4-m-Reflektor in eine Erdumlaufbahn. Dieser Reflektor heißt Hubble-Space-Telescope (Bild 4). Er liefert nach anfänglichen Schwierigkeiten (die Linse musste korrigiert werden) ständig neue Daten und Bilder für die Astronomen.

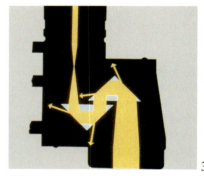

Prismenfernglas

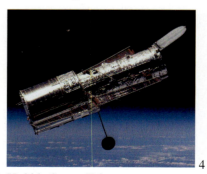

Hubble-Space-Telescope

Auge, Brille, Fernrohr und Mikroskop

Mikroskop

Mit einer Lupe (S. 62) lassen sich kleine Dinge optisch vergrößern. Aber das hat seine Grenzen. Für ganz kleine Objekte benötigt man ein Mikroskop. Es besteht aus zwei Sammellinsen und ähnelt so in gewisser Weise dem Fernrohr (S. 68).

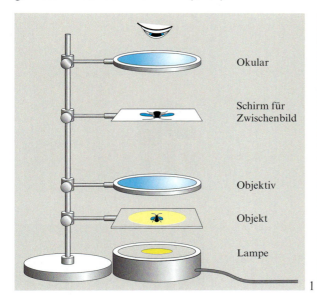
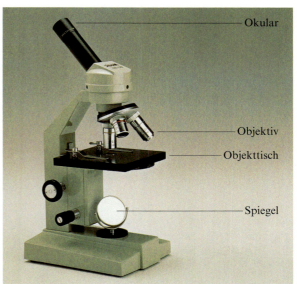

Als Objektiv wählt man eine Sammellinse mit kleiner Brennweite, das man dicht an das Objekt heranführt. Es entsteht ein Zwischenbild. Dieses kann man mit einem Schirm sichtbar machen. Das vergrößerte Zwischenbild wird nun mit dem Okular, wie mit einer Lupe betrachtet und so nochmals vergrößert.

Im richtigen Mikroskop (Bild 2) ist natürlich kein Schirm wie im Modell (Bild 1) vorhanden. Statt der beiden Sammellinsen verwendet man wegen der besseren optischen Qualität Linsensysteme als Objektiv und Okular.

Das Objekt muss gut beleuchtet sein, um Kontraste zu erkennen. Das kann durch einen Spiegel oder eine Lampe erfolgen. Die Gesamtvergrößerung ergibt sich als Produkt aus Objektivvergrößerung und Okularvergrößerung: z. B. 50fach und 15fach ergibt 750fach.

Wasserfloh (15fach)

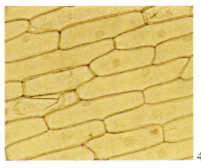
Zwiebelhautzelle (150fach)

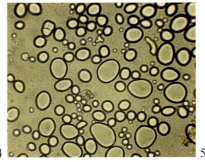
Stärkekörner der Kartoffel (500fach)

Fotoapparat

Das Angebot an Fotoapparaten ist außerordentlich vielfältig. Fotoapparate werden automatisiert und mit Computertechnik ausgestattet. Nur noch ein Knopfdruck und alles läuft automatisch ab. Aber das Grundprinzip bleibt bei allen Apparaten gleich. Ein Modell eines Fotoapparats kannst du selbst bauen:

> **AUFTRAG**
> 1. Befestige auf einem Stativstab eine Sammellinse (als Objektiv der Kamera) und einen Schirm (als Film). Bringe direkt hinter der Linse eine Halterung für unterschiedlich große kreisförmige Löcher als Blende an!
> 2. Richte die Modellkamera auf ein möglichst helles Objekt, z. B. ein Fenster, eine Kerze oder eine Lampe!
> 3. Stelle durch Verschieben der Linse die „Entfernung" so ein, dass ein scharfes Bild auf dem Schirm erscheint!
> 4. Was stellst du fest, wenn du nun kleinere Blenden einschiebst?

Beim Fotografieren muss eine richtige Menge an Licht auf den Film gebracht werden. Fällt zu viel oder zu wenig Licht auf den Film, so sind die Fotos hinterher über- oder unterbelichtet und damit unbrauchbar.

Eine richtige Fotokamera, mit dem Film im Inneren, ist absolut lichtdicht verschlossen. Nur für eine bestimmte Belichtungszeit wird die Blende zum Fotografieren geöffnet. Ist es sehr hell, wählt man kurze Belichtungszeiten 1/500 bis 1/125 Sekunden, ist es dunkler, nimmt man z. B. 1/30 s.

Weitwinkel-Aufnahme

Bei den meisten Kameras besteht das Objektiv, so wie bei fast allen optischen Geräten, aus einer Kombination mehrerer Linsen. Das Normalobjektiv einer Kleinbildkamera hat eine Brennweite von $f = 50$ mm. Es bildet die Umgebung ähnlich ab wie wir sie mit dem Auge sehen. Für Fotos in engen Räumen eignen sich Weitwinkelobjektive ($f = 24$ mm – 35 mm). Wie durch ein Fernglas kann man durch Teleobjektive fotografieren ($f = 80$ mm – 300 mm).

Wie du im Auftrag erfahren konntest, lässt sich die Lichtmenge auch durch die Wahl der Blende beeinflussen.

Für eine bestimmte Lichtmenge gibt es mehrere Kombinationen von Blende und Belichtungszeit (siehe Tabelle). Je kleiner die Blendenzahl ist, umso weiter ist die Blende geöffnet.

Tele-Aufnahme

Welche der Einstellungen man jeweils wählt, hängt unter anderem davon ab, ob sich das Objekt schnell bewegt oder welche Bereiche des Fotos scharf abgebildet werden sollen. Dazu findet ihr viele Informationen in speziellen Sachbüchern zur Fotografie.

Mit einem Fotoapparat, bei dem Entfernung, Blende und Belichtungszeit einstellbar sind, könnt ihr für das gleiche Motiv unterschiedliche Kombinationen wählen.

Fotografiert einmal ein vorbeifahrendes Auto mit unterschiedlichen Belichtungszeiten und eine Straßenszene mit unterschiedlichen Blenden! Die Ergebnisse können stark voneinander abweichen.

Blende	Belichtungszeit
2,8	1/1000
4	1/500
5,6	1/250
8	1/125
11	1/60
16	1/30

Auge, Brille, Fernrohr und Mikroskop

Ein Blick in die Geschichte

Modellvorstellungen vom Licht und Sehen

Die ersten Modelle. Dass und wie wir sehen, hat die Menschen schon immer beschäftigt. Das älteste Modell des Sehvorgangs stammt aus dem Altertum. Im 5. Jahrhundert v. Chr. glaubte PYTHAGORAS, dass vom Auge „heiße" Sehstrahlen ausgehen, die von den „kalten" Körpern „zurückgeschickt" werden (Bild 1). HIPPARCH verglich im 2. Jh. v. Chr. die von den Augen ausgehenden Sehstrahlen mit Händen, die die Körper abtasten und dadurch sichtbar machen. EPIKUR (5 Jh. v. Chr.) lehrte, dass sich von der Oberfläche der betrachteten Gegenstände ständig Teilchen ablösen und als „Abbilder" nach allen Seiten durch die Luft fliegen, ins Auge dringen und die Sehnernven erregen. So wird das Auge ein Lichtempfänger (Bild 2).

Das Problem mit der Dunkelheit. Die Abtast- wie die Teilchenstrommodelle haben eine Schwachstelle: Man müsste ihnen gemäß auch bei Dunkelheit sehen. So nahm schon PLATO (um 400 v. Chr.) deshalb zweierlei Strahlen an: Lichtstrahlen, die eine Lichtquelle aussendet und die auf alle Körper fallen, sowie Sehstrahlen, die das Auge aussendet. Ihr Zusammenwirken ermöglicht dann erst das Sehen (Bild 3). Dass wir helle Gegenstände gleichsam mit unseren Blicken abtasten, denken auch heute noch viele Menschen, die mit den physikalischen Modellen nicht vertraut sind.

Das aktuelle Lichtstrahlmodell. Nach unserer heutigen Vorstellung senden Lichtquellen in alle Raumrichtungen Licht aus. Das können wir mit dem Strahlenmodell veranschaulichen. Alle beleuchteten Gegenstände senden dann ebenfalls in alle Richtungen „Lichtstrahlen" aus. Treffen diese ins Auge, sehen wir den Gegenstand. Das Auge ist passiv, ein Lichtempfänger (Bild 4). Über Netzhaut, Sehnerv und mithilfe des Gehirns entstehen die Bilder. Aktiv ist der Mensch durch seine Augenbewegungen, das Akkommodieren und das Denken.

Sehen als geistige Tätigkeit. Man sieht Dinge anders, je nachdem, welche Vorerfahrungen man hat. Erinnern und Gedächtnis spielen beim Sehen eine große Rolle. Obwohl nur Flecken zu sehen sind, erkennen wir einen Hund (Bild 5). Wir erkennen Vasen und Gesichter und können uns nicht entscheiden (Bild 6). Wir haben Vorerfahrungen mit Kisten, obwohl nur Striche zu sehen sind (Bild 7). Das Erkennen von Bildern ist eine beachtliche Leistung unseres Gehirns. Ein Computer würde im Bild 6 nur krumme Linien erkennen.

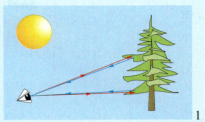
Heiße und kalte Sehstrahlen

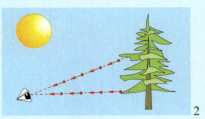
Teilchenstrom ins Auge

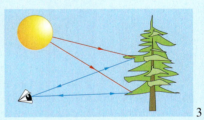
Lichtstrahlen und Sehstrahlen

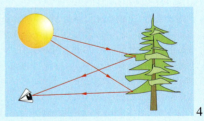
Auge als Empfänger von Lichtstrahlen

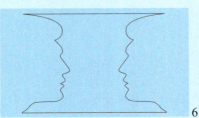
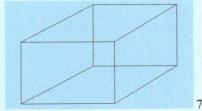

Augen – von allen Seiten betrachtet

Unsere Augen

Nach einem Aufenthalt in völliger Dunkelheit können unsere Augen unvorstellbar geringe Lichtmengen wahrnehmen. Sie können aber auch in gleißender Helligkeit noch Dinge erkennen.
Unsere Augen können Gegenstände in unmittelbarer Nähe ebenso scharf sehen wie solche in sehr großer Entfernung. Sie können auch extrem geringe Farb- und Helligkeitsunterschiede wahrnehmen.

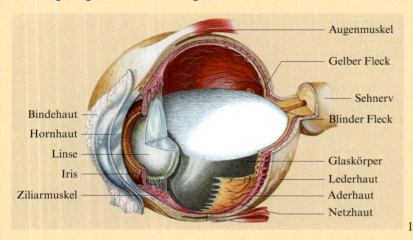

Das Auge ist durch seine Aufhängung an sechs Muskeln zu präzisen, exakt aufeinander abgestimmten Bewegungen in der Lage. Ein weit verzweigtes Gefäßsystem versorgt das Auge mit Blut. Die Netzhaut enthält lichtempfindliche Sinneszellen. 120 Millionen Stäbchen für das Hell-Dunkel-Sehen und 6 Millionen Zapfen für das Farbsehen. Alle diese Sinneszellen sind mit Nervenzellen verbunden. Die durch das Licht ausgelösten Erregungen werden über Nervenfasern ins Gehirn weitergeleitet. Nervenstränge und Blutgefäße treten durch den *Blinden Fleck* aus dem Auge heraus. An dieser Stelle hat das Bild auf der Netzhaut ein Loch.
Das eintretende Licht wird im Auge vierfach gebrochen: Jeweils an der Vorder- und Hinterseite von Hornhaut und Linse. Dreiviertel der Brechkraft werden von der gekrümmten Hornhaut aufgebracht. Die Linse sorgt für die Feineinstellung. Mithilfe des Ziliarmuskels kann die Augenlinse ihre Brennweite ändern. Durch diesen Vorgang, Akkommodation genannt, erfolgt eine Scharfstellung für unterschiedliche Entfernungen.

Mit Brillen den Durchblick bekommen

Für ein normales, gesundes Auge eines jüngeren Menschen ist ein Scharfsehen durch Akkommodation bis zum Nahpunkt von 7 cm möglich. Mit zunehmendem Alter lässt oft die Akkommodationsfähigkeit nach; viele Menschen benötigen ab etwa 40 Jahren eine

Auge, Brille, Fernrohr und Mikroskop

Lesebrille. Gegen diese Altersweitsichtigkeit hilft eine Sammellinse. Manche Menschen benötigen aber schon als Kind eine Brille, weil ihr Augapfel zu kurz oder zu lang ist. Dann kann durch Akkommodation kein scharfes Bild auf der Netzhaut entstehen.
Was aber heißt *kurzsichtig* oder *weitsichtig* genau?

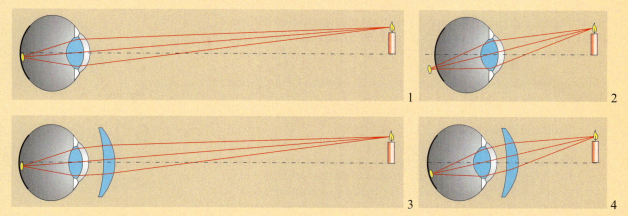

Der Augapfel eines **Weitsichtigen** ist zu kurz. Auch bei der Scharfstellung entfernter Objekte muss die Linse akkommodieren. Eine Sammellinse verhilft dem Auge zum entspannten Blick in die Ferne.

Bei nahen Objekten reicht die Akkommodation nicht aus. Durch die Brille entsteht ein scharfes Bild.

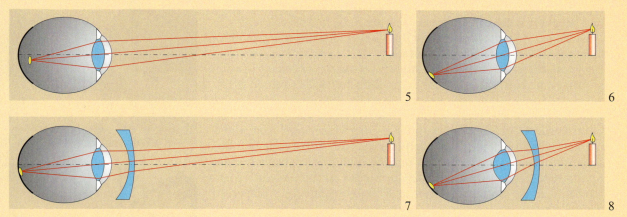

Der Augapfel des **Kurzsichtigen** ist zu lang. Licht von entfernten Objekten wird vor der Netzhaut scharf abgebildet. Akkommodieren ist nicht möglich. Eine Zerstreuungslinse rückt das Bild auf die Netzhaut.

Das Bild naher Objekte fällt ohne Akkommodation auf die Netzhaut. Mit Brille wird akkommodiert.

AUFGABEN

1. Wie kannst du an einer starken Brille erkennen, ob ihr Besitzer kurzsichtig oder weitsichtig ist?
   a) Erscheinen seine Augen vergrößert oder verkleinert?
   b) Welches einfache Experiment kannst du mit der Brille durchführen?
   c) Bestimme die Brechkraft einer Brille für Weitsichtige!
2. Warum nehmen Kurzsichtige manchmal die Brille ab, um eine kleine Schrift zu lesen?
3. Bei der Abbildung durch die Augenlinse entsteht ein seitenverkehrtes und Kopf stehendes Bild auf der Netzhaut. Wieso sehen wir die Welt trotzdem richtig herum?
4. Auf welche Weise passen sich unsere Augen der Helligkeit oder der Dunkelheit an?

Was der Augenarzt untersucht

Vielen Leuten fällt es von selbst nicht auf, dass sie eine Brille brauchen. Sie merken gar nicht, dass sie viele Dinge erheblich klarer sehen könnten. Wer aber beim Lesen, Fernsehen, an der Schultafel oder beim Rad fahren feststellt, dass er nicht so gut sieht wie die anderen, sollte unbedingt zum Augenarzt gehen. Das angestrengte Sehen ist nicht nur lästig, es kann auch Kopfschmerzen und Haltungsschäden verursachen.

Untersuchung der Sehschärfe. Als erstes untersucht der Augenarzt die Sehschärfe (er nennt das auch Visus). Dazu verwendet er eine Tafel mit Optotypen (Bild 1). Sie ist im Original fünfmal größer als die nebenstehend abgebildete.

Die Zahlen links geben an, aus welcher Entfernung ein Normalsichtiger die entsprechende Zeile noch lesen kann. Kann der Untersuchte aus fünf Metern Entfernung die ersten 8 Zeilen fehlerfrei lesen, beträgt seine Sehschärfe 5/5 = 1 und er benötigt keine Brille.

Wer aus fünf Metern Entfernung nur bis zur siebten Zeile lesen kann, hat einen Visus von 5/7,5 – also 67%. Menschen, die auch über die achte Zeile hinaus lesen können, haben einen Visus von über 100%. Stelle als kleinen Selbsttest das Buch aufrecht hin und betrachte die Optotypentafel aus vier Metern Entfernung! Normalsichtige können bei guter Beleuchtung bis zur vierten Zeile fehlerfrei lesen.

Anstelle der Zahlen werden auch Buchstaben oder einseitig geöffnete Ringe (Landolt-Ringe) verwendet.

Bei Fehlsichtigkeit probiert der Augenarzt durch vorgesetzte Linsen so lange eine Korrektur, bis die Sehschärfe mit Brille optimal ist.

Untersuchung der Durchsichtigkeit von Hornhaut und Linse. Hornhaut, vordere Augenkammer mit Kammerwasser und Augenlinse müssen völlig klar und durchsichtig sein. Der Arzt betrachtet das Auge mit einer Art Mikroskop und beleuchtet es dabei mit einer Spaltlampe. Diese richtet ein spaltförmiges Lichtbündel auf Hornhaut und Linse. So werden eventuelle Trübungen oder Ablagerungen erkennbar.

Untersuchung des Augenhintergrundes. Mithilfe eines Augenspiegels gelingt es dem Arzt, in den Augapfel hineinzuschauen. HERMANN VON HELMHOLTZ (1821 – 1894) hat dieses Gerät 1850 erfunden. Über den Spiegel wird Licht in das Augeninnere geleitet. Durch ein kleines Loch im Spiegel schaut der Arzt auf den Augenhintergrund (Bild 3). Damit kann er krankhafte Veränderungen der Netzhaut, der Blutgefäße und des Sehnervs erkennen.

Untersuchung des Farbsehvermögens. Manche Menschen sind farbenblind. Wer Rot und Grün nicht unterscheiden kann, hat eine Rot-Grün-Blindheit. Man kann diese Störung des Farbsehvermögens mit farbigen Testtafeln erkennen. Auf diesen Tafeln sind z. B. grüne Zahlen auf einem roten Hintergrund abgebildet. Die Helligkeit von Rot und Grün muss dabei gleich sein (Bild 4).

1

2

3

4

Auge, Brille, Fernrohr und Mikroskop

Wie die Tiere sehen

Die Augen der Tiere zeigen die große Vielfalt der Natur. Oft sind sie auf bestimmte Bedürfnisse spezialisiert: besonders scharf sehen wie der Adler, besonders weit sehen wie ein Reh oder bei Nacht sehen wie die Eule. Niedere Tiere wie Würmer können mit ihren Grubenaugen nur hell und dunkel unterscheiden. Spinnen haben bis zu acht Augen (Bild 1). Die Komplexaugen der Insekten bestehen oft aus einigen tausend Einzelaugen (Bild 2). Sie können keine scharfen Bilder, sondern nur Bewegungen wahrnehmen.

Augenstellung. Das Auge des Menschen gleicht noch am ehesten den Augen der Baumbewohner, die ihre Beute am Boden jagen. Die Augen sind nach vorn gerichtet, können auf einen gemeinsamen Punkt blicken und so ein räumliches, scharfes Bild erzeugen. Raubtiere wie Fuchs, Hund oder Katze besitzen solche nach vorn ausgerichteten Augen (Bild 3). Viele Tiere, wie Hasen, Pferde oder Rehe haben ihre Augen an der Seite des Kopfes (Bild 4). Ihr räumliches Sehvermögen ist eingeschränkt aber ihr Sehfeld ermöglicht fast einen Rundumblick. Gefahren sind daher früh erkennbar.

Nachtsehen. Eulen und Waldkäuze sind nachtaktive Vögel und haben sehr viele lichtempfindliche Stäbchen auf ihrer Netzhaut. So können sie auch noch bei ganz schwachem Licht genau sehen. Wegen des geringen Zapfenanteils sind sie jedoch fast völlig farbenblind. Andere nachtaktive Tiere wie Katzen oder Füchse haben besonders große Pupillen, die sich im Dunkeln sehr stark weiten. Hinter der Netzhaut liegt zusätzlich eine Licht reflektierende Schicht. Im Scheinwerferlicht sieht man die Augen aufleuchten.

Ähnlichkeiten in der Vielfalt der Augen. Die Bestandteile Linse, Iris und Netzhaut tauchen in der Natur immer wieder auf. Und doch sind die Bau- und Funktionsprinzipien jeweils den speziellen Notwendigkeiten angepasst. Das Auge afrikanischer Wollkopfgeier (Bild 5) wirkt wie ein Teleobjektiv. Die Tiere können aus großen Höhen Kadaver erkennen. Haie können die Iris sehr stark auf- und abblenden, je nachdem, ob sie an der Meeresoberfläche oder im Dunkeln Tiere jagen. Fische können das Scharfsehen durch Verschiebung der Linse erreichen, so wie es Fotokameras tun.

1

2

3

4

5

AUFGABEN

1. Wie kann ein Augenarzt Kurzsichtigkeit feststellen? Wie stellt er Weitsichtigkeit fest?
2. Woran kann man u. a. erkennen, ob ein Tier viele natürliche Feinde hat?
3. Woher kommt der Name Katzenaugen für die künstlichen Reflektoren am Fahrrad?

AUFGABEN

1. Wie ist ein astronomisches Fernrohr aufgebaut?
2. Wozu werden die größten Teleskope verwendet?
3. Welche Aufgabe haben die Prismen bei einem Feldstecher?
4. Beschreibe die Gemeinsamkeiten bei der optischen Abbildung im Auge und im Fotoapparat. Beschreibe auch, wie in beiden Fällen das Bild scharf gestellt wird!
5. Wozu benötigt man beim Fotoapparat eine Blende?
6. Nenne die wichtigsten Teile eines Fotoapparats!
7. Wie muss man die Belichtungszeit beim Fotoapparat verändern, wenn man die Blende doppelt so weit öffnet? Es soll bei einer Aufnahme die gleiche Menge Licht den Film erreichen.
8. Jasmins Lieblingstiere sind Pferde. Auf einer Weide möchte Jasmin zwei Pferde fotografieren, die unterschiedlich weit entfernt sind. Wie muss sie die Entfernung, die Blende und die Belichtungszeit einstellen, um ein scharfes Bild beider Pferde zu erhalten?
9. Warum verwendet man bei optischen Geräten meistens Linsensysteme als Objektive?
10. Welche Teile haben Fernrohr und Mikroskop gemeinsam? Was ist ihre jeweilige Aufgabe?
11. Objektive von Mikroskopen haben Brennweiten von wenigen Millimetern. Woran erkennt man das?
12. Nennen Anwendungsgebiete für Mikroskope!
13. Welche Vergrößerung hat ein Mikroskop mit einer 40fachen Objektivvergrößerung und einer 10fachen Okularvergrößerung?

ZUSAMMENFASSUNG

Die optische Abbildung im Auge ist mit derjenigen im Fotoapparat vergleichbar:

Fernrohr und Mikroskop sind optisch ähnliche Geräte:

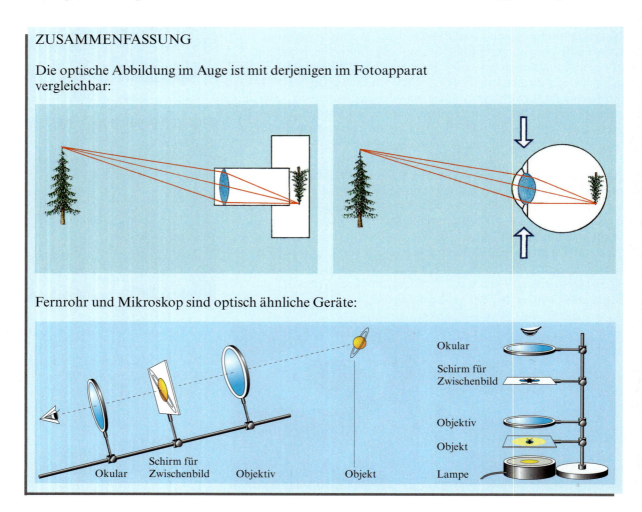

Körper und Stoffe

Segeln ist für viele Menschen
ein aufregendes Hobby. Vielfältig
sind die technischen Probleme
ehe ein Boot vom Stapel gelassen
werden kann. Welche Form
soll das Schiff haben? Welche
Aufgaben sollen damit erfüllt
werden? Wie viel Last soll es
einmal transportieren können?
Welche Materialien muss man
verwenden, damit es schwimmt
und den Belastungen auf
hoher See standhält? Über
Jahrtausende haben die
Menschen Erfahrungen
gesammelt. Neues auspro-
biert und vieles auch wieder
verworfen. Heute können
Techniker und Ingenieure
für jeden Zweck das
richtige Boot bauen. Das
Wissen um die Natur-
gesetze hilft ihnen
dabei.

78 Eigenschaften von Körpern

In deiner Freizeit beschäftigst du dich mit den verschiedensten Dingen.
Egal, ob du Ball spielst, Bike fährst oder Blumen pflanzt – immer hast du es mit irgendwelchen Gegenständen zu tun. Hast du dich schon einmal gefragt, ob diese Gegenstände Gemeinsamkeiten besitzen?

Körper und Stoff

Körper. Mit all den Gegenständen, die oben auf dem Bild zu sehen sind, beschäftigen sich auch die Physiker. Obwohl der Ball, das Bike und die Gießkanne sich sehr voneinander unterscheiden, haben die Physiker ihnen einen gemeinsamen Namen gegeben. Sie nennen sie Körper. Auch das Wasser in der Gießkanne ist ein Körper, ebenso die Luft in einem Fahrradreifen.

Stoffe. In deinem Kleiderschrank findest du Kleider, T-Shirts, Hosen und Strümpfe aus Baumwolle (Bild 2). Fensterscheiben, Trinkgläser, Flaschen und Konservengläser bestehen aus Glas (Bild 3). In den Müllcontainer mit der Aufschrift „Papier" wirfst du Zeitungen, Hefte und Zeitschriften (Bild 4). Das Material, aus dem ein Körper besteht, nennen die Physiker Stoff.

Alle diese Kleidungsstücke bestehen aus Baumwolle.

Fensterscheiben, Gläser und Flaschen bestehen aus Glas.

In diesem Müllcontainer wird Papier gesammelt.

Eigenschaften von Körpern

Die meisten Körper bestehen aus mehreren Stoffen. So besteht ein Fenster z. B. aus Holz, Glas und Gummi und ein Rucksack kann aus Leder, Nylon und Stahl bestehen (Bild 1).

Körper	Stoff, aus dem der Körper besteht
Tasse	Keramik
Schere	Eisen
Flüssigkeit im Kanister	Benzin
Flüssigkeit im Aquarium	Wasser
Gas im Ball	Luft
Bleistift	Holz, Graphit

Jeder Körper besteht aus einem Stoff oder aus mehreren Stoffen.

Dieser Körper besteht aus verschiedenen Stoffen.

Aggregatzustand. Ein Körper kann sich in einem festen, flüssigen oder gasförmigen Zustand befinden. Einen solchen Zustand nennt man Aggregatzustand.

Es gibt drei Aggregatzustände: fest, flüssig und gasförmig.

Eine Mineralwasserflasche ist ein fester Körper. Das Mineralwasser in der Flasche ist eine Flüssigkeit. Das Kohlenstoffdioxid über dem Wasser ist ein Gas (Bild 2). In der folgenden Tabelle sind einige Beispiele für feste Körper, Flüssigkeiten und Gase zusammengestellt.

Feste Körper	Flüssigkeiten	Gase
Buch	Tee in der Kanne	Luft im Ball
Bleistift	Benzin im Kanister	Luft im Fahrradreifen
Ziegelstein	Wasser im Tank	Sauerstoff in der Gasflasche
Eisenträger	Öl in der Flasche	Helium in der Gasflasche

Formverhalten von Körpern. Feste Körper, wie Ziegelsteine, Eisenträger oder Glasscheiben haben eine bestimmte Form, die man auch mit großer Anstrengung kaum verändern kann.

Wenn du eine Teekanne schräg hältst, fließt der Tee heraus. An der Tankstelle fließt Benzin durch den Schlauch in den Tank. Tee und Benzin sind Flüssigkeiten. Sie haben keine bestimmte Form und nehmen immer die Form des Gefäßes an, in dem sie sich befinden. Auch gasförmige Körper haben keine bestimmte Form. Du kannst z. B. Luft in eine Luftpumpe einsaugen und dann in einen Fahrradreifen hineinpumpen. Dabei hat die Luft zuerst die Form der Pumpe und dann die Form des Reifens (Bild 3).

Feste Körper haben eine bestimmte Form.
Flüssigkeiten und Gase haben keine bestimmte Form.

Die Masse

Elefanten und Elefantenspitzmäuse (Bilder 1, 2) haben viele Gemeinsamkeiten. Sie sind Säugetiere. Beide haben auch einen Rüssel und einen Schwanz! Den Physiker interessieren andere Eigenschaften der Tiere, nämlich, dass sie klein bzw. groß oder schwer bzw. leicht sind.

Man sieht es Elefanten und Elefantenspitzmäusen schon an, dass die einen schwer und die anderen leicht sind (Bild 3). Der Elefant hat eine große Masse. Die Masse der Elefantenspitzmaus ist klein.

Vom Spielplatz weißt du, dass auch deine Mitschüler unterschiedliche Massen haben. Die Masse von Robert ist größer als die von Nora (Bild 4). Fahrzeuge unterscheiden sich oft in ihrer Masse sehr stark voneinander. Ein voll beladener Lkw hat eine große Masse, der Pkw eine kleinere Masse (Bild 5).
Körper mit großen Massen erkennt man daran, dass sie schwer sind. Körper mit kleinen Massen sind leicht.

> Jeder Körper besitzt eine Masse.
> Die Masse eines Körpers gibt an, wie schwer oder leicht dieser ist.

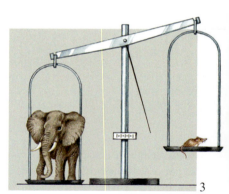

Eigenschaften von Körpern

Wenn du für deine Familie einkaufen gehst, bekommst du einen Zettel (Bild 1). Beim Lesen des Zettels denkst du dir: „Das ist aber viel, da muss ich ganz schön schleppen." Damit hast du die große Masse deiner gefüllten Einkaufsbeutel gut beschrieben. Dabei hast du an „groß" und „schwer" gedacht, wenn du auf dem Einkaufszettel die vielen Kilogramm gelesen hast.
Die physikalische Größe Masse wird mit m abgekürzt. Und die Einheit der Masse kennst du auch schon.

> Das Formelzeichen für die Masse ist m.
> Die Einheit der Masse ist Kilogramm (kg).

Vielfache der Einheit für die Masse sind Tonne (t) und Dezitonne (dt). Teile dieser Einheit sind Gramm (g) und Milligramm (mg).
Für die Umrechnung gelten folgende Beziehungen:
1 t = 10 dt = 1000 kg
    1 dt =   100 kg
          1 kg = 1000 g
               1 g = 1000 mg.
In der Tabelle sind die Massen einiger Körper angegeben:

Körper	Masse
Haar	0,1 mg
Haselnuss	1 g
Hühnerei	50 g
Stück Butter	250 g
Packung Milch	1 kg
großer Eimer mit Wasser	10 kg
Mensch – Frau/Mann	60 kg/75 kg
Elefant	3 t
beladener mittlerer Lkw	8 t
Elektrolok	90 t
Blauwal	100 t

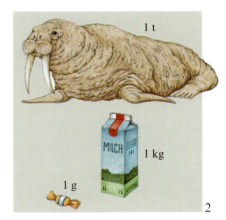

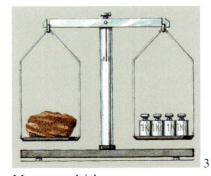

Messen der Masse von Körpern

Um die Masse von Körpern zu bestimmen, verwendet man ein Messgerät, bei dem ausgenutzt wird, dass alle Körper von der Erde angezogen werden.

> Ein Messgerät für die Masse ist die Waage.

Auf der Waage werden die Massen verschiedener Körper miteinander verglichen: Auf einer Balkenwaage liegt ein Stein mit einer Masse von genau 4 kg. Jedes der Wägestücke auf der anderen Waagschale hat eine Masse von 1 kg. An diesem Beispiel ist gut zu erkennen, dass die Masse des Steins dem Vierfachen der Einheit 1 kg entspricht (Bild 3).

Massenvergleich

82 Körper und Stoffe

Du kennst schon verschiedene Arten von Waagen.
Wie man mit einer Waage arbeitet, wird besonders gut an einer Balkenwaage deutlich (Bild 1). Dieses Messgerät heißt so, weil die beiden Waagschalen an einem Balken hängen.

Will man mit einer Balkenwaage die Masse eines Apfels bestimmen, so legt man ihn auf eine der beiden Waagschalen. Danach legt man nacheinander Wägestücke auf die andere Waagschale. Dazu verwendet man einen Wägesatz (Bilder 2 und 3). Das macht man so lange, bis der Zeiger wieder in der Mitte steht.
Dann befindet sich der Waagebalken wieder wie vor der Wägung in der horizontalen Lage. Jetzt ist die Masse des Apfels genau gleich der Masse aller Wägestücke zusammen. Nun braucht man nur die auf die Wägestücke aufgedruckten Massenangaben zu addieren.

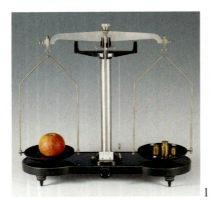

Balkenwaage

Wägesatz

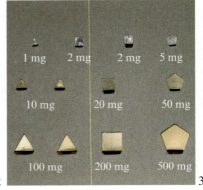

Bruchgrammwägesatz

Bei anderen Waagen benötigt man keinen Wägesatz. Bei der Briefwaage (Bild 4) oder der Babywaage (Bild 5) kann man die Masse direkt an einer Skala ablesen. Auch bei diesen Waagen erfolgt ein Vergleich der Massen. Die Massen, mit denen verglichen wird, sind jedoch in den Waagen eingebaut.
Will man die Masse genau bestimmen, so muss man Messvorschriften beachten. Diese richten sich nach der Art der Waage.

Briefwaage

Balkenwaage	Briefwaage
1. Stelle genau die Nulllage ein. Lege dazu – wenn erforderlich – kleine Ausgleichskörper auf eine Waagschale. 2. Lege den Körper auf die Waagschale. Bringe so viele Wägestücke auf die andere Waagschale, bis der Zeiger wieder null anzeigt. 3. Addiere die Massen aller Wägestücke. Die Summe gibt an, wie groß die Masse des Körpers ist.	1. Prüfe die Nulllage der Waage. Stelle sie mit der Stellschraube genau ein. 2. Schätze die Masse des Körpers ab, den du wägen willst. Stelle den entsprechenden Messbereich ein. 3. Lege den Körper auf die Waagschale. Lies auf der entsprechenden Skala die Masse des Körpers ab.

Babywaage

Eigenschaften von Körpern

Beispiel für die Bestimmung der Masse eines Körpers:

Es soll die Masse einer großen Kartoffel mit einer Balkenwaage bestimmt werden. Nach der Messvorschrift 1. wird zunächst die Nulllage der Waage eingestellt. Man schätzt die Masse der Kartoffel. Sie wird beispielsweise auf 500 g geschätzt. Entsprechend Schritt 2. legt man sie nun auf eine Wagschale und nacheinander Wägestücke auf die andere.
Mit einem 500-g-Wägestück wird begonnen. Stellt man fest, dass das zuviel ist, nimmt man es wieder herunter und ersetzt es durch ein 200-g- und zwei 100-g-Wägestücke. Das ist noch zuwenig. Man fügt ein 50-g-Wägestück hinzu. Das ist immer noch zuwenig…
Zeigt der Zeiger wieder die Nulllage an, befinden sich folgende Wägestücke auf der Wagschale: 200 g, 2 x 100 g, 50 g, 2 x 20 g, 5 g, 2 g und 1 g. Nach Messvorschrift 3. werden die Massen aller Wägestücke addiert. Die Addition ergibt 498 g. Die Masse der Kartoffel beträgt 498 g.

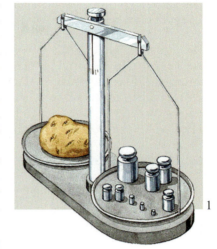
1

EXPERIMENT 1
Bestimme jeweils die Masse eines Körpers aus Stahl, Glas, Aluminium und Kupfer. Benutze die Messvorschrift!

Masse und Gewicht eines Körpers

Wenn du das Gewicht eines Steins ermitteln willst, so kannst du ihn auch an eine Federwaage hängen. Willst du dein eigenes Gewicht bestimmen, so stellst du dich auf eine Personenwaage (Bild 2). Die Federwaage und die Personenwaage enthalten je eine Feder. Weil dein Körper und der Stein von der Erde angezogen werden, verformen sich die Federn. An einem Zeiger kannst du ablesen, ob sie sich wenig oder viel verformt haben. Auf diese Weise kann man feststellen, wie stark ein Körper von der Erde angezogen wird. Diese Anziehungskraft nennt der Physiker das Gewicht des Körpers.

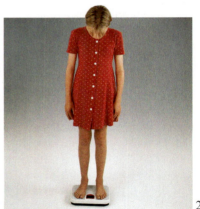
2

Das Gewicht eines Körpers gibt an, wie stark der Körper von der Erde angezogen wird.

Gewiss hast du schon Bilder von Astronauten auf dem Mond gesehen. Im Bild 3 trägt der Astronaut zwei große Gerätekoffer. Auf der Erde würde er das nie schaffen! Warum ist das auf dem Mond möglich?
Die beiden Gerätekoffer werden stark von der Erde angezogen. Deshalb besitzen sie ein großes Gewicht.
Auf dem Mond ist das anders. Er ist viel kleiner als die Erde. Deshalb zieht er die Gerätekoffer viel weniger an. Dadurch ist ihr Gewicht kleiner. Es beträgt nur 1/6 des Gewichtes auf der Erde.
Während des Fluges verändern sich die Gerätekoffer nicht. Ihre Masse bleibt gleich. Sie ist auf dem Mond genau so groß wie auf der Erde.

3

Das Volumen

Dir sind schon oft Angaben begegnet, die sich auf das Volumen von Körpern beziehen. Auf der Wasserrechnung deiner Eltern steht: Verbrauch 75 m³ (Bild 1). An der Tankstelle zeigt die Zapfsäule 50 l an. Du kaufst im Supermarkt 250 ml Duschgel.
Du kennst den Begriff „Volumen" bereits aus dem Mathematikunterricht. Das Volumen ist eine wichtige physikalische Größe. Es kennzeichnet, ob ein Körper viel oder wenig Raum einnimmt.

> Das Volumen gibt an, wie groß der Raum ist, den ein Körper einnimmt.

Um das Rechnen mit Formeln einfacher zu machen, wird für das Volumen eine Abkürzung benutzt. Die physikalische Größe Volumen wird mit V abgekürzt.

> Das Formelzeichen für das Volumen ist V.

An den Beispielen mit der Wasserrechnung, der Tankstelle und dem Supermarkt hast du bereits gemerkt, dass es nicht genügt, nur die Zahl für das Volumen anzugeben. Man muss auch die Einheit nennen. Die Physiker haben sich darauf geeinigt, das Volumen in der Einheit Kubikmeter anzugeben.

> Die Einheit des Volumens ist Kubikmeter (m³).

Ein Kubikmeter ist das Volumen eines Würfels mit der Kantenlänge 1 m (Bild 2). Kubikmeter ist eine große Einheit. Deshalb verwendet man im täglichen Leben meist kleinere Teile dieser Einheit.
Du kennst solche Teile bereits: Kubikdezimeter (dm³), Kubikzentimeter (cm³) und Kubikmillimeter (mm³).

Für die Umrechnung zwischen den Einheiten gilt:

$1\,m^3 = 1000\,dm^3$
$\quad\quad 1\,dm^3 = 1000\,cm^3$
$\quad\quad\quad\quad 1\,cm^3 = 1000\,mm^3$

Für Flüssigkeiten und Gase verwendet man als Volumeneinheit oft Liter (l) (Bild 1, Seite 85). In einer Brauerei benutzt man die größere Einheit Hektoliter (hl). Der Arzt gibt das Volumen der Injektionen in Milliliter (ml) an (Bild 3).
Für die Umrechnung zwischen diesen Einheiten gilt:

$1\,m^3 = 10\,hl = 1000\,l$
$\quad\quad 1\,hl = 100\,l$
$\quad\quad\quad\quad 1\,l = 1\,dm^3 = 1000\,ml = 1000\,cm^3$

So groß ist ein Kubikmeter.

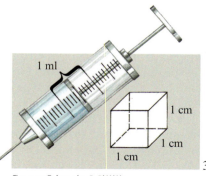

So groß ist ein Milliliter.

Eigenschaften von Körpern

In der Tabelle findest du die Volumenangaben einiger Körper:

Körper	Volumenangabe
Cheopspyramide in Ägypten	2 500 000 m³
Öltanker	300 000 m³
Klassenzimmer	250 m³
Sperrmüllcontainer	6 m³
Volumen deines Körpers	40 dm³
Brotlaib	3 dm³
Streichholzschachtel	30 cm³
Bleistift	5 cm³
Ameise	2 mm³

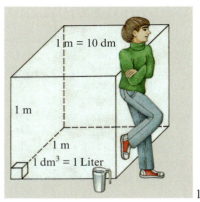

So groß ist ein Liter.

Volumenverhalten von Körpern

Du weißt bereits, dass feste Körper, z. B. Ziegelsteine, eine bestimmte Form haben. Deshalb haben feste Körper auch ein bestimmtes Volumen.
Flüssigkeiten, z. B. Tee, haben keine bestimmte Form. Beim Ausgießen verändert der Tee seine Form. Schließlich nimmt er die Form der Tasse an. Das Volumen des Tees ändert sich jedoch nicht. Auch Flüssigkeiten haben ein bestimmtes Volumen.

> Feste Körper und Flüssigkeiten haben ein bestimmtes Volumen.

Gefäß	Fassungsvermögen
Tankwagen	20 000 l
große Regentonne	500 l
Tank vom Pkw	60 l
Wassereimer	10 l
Mineralwasserflasche	0,7 l
kleine Limonaden- oder Bierdose	0,33 l

So wie die Flüssigkeiten besitzen auch die Gase, z. B. Luft, keine bestimmte Form. Das hast du beim Aufpumpen deines Fahrradreifens beobachtet. Dir ist aber dabei noch mehr aufgefallen. Obwohl der Reifen schon prall war, konntest du immer noch neue Luft hineinpumpen.

Auch das Volumen des Gases in der Stahlflasche (Bild 2) kann sich ändern. Das Gas ist Helium. Es ist unter großem Druck hineingepresst worden. Öffnet man das Ventil, so strömt das Helium hinaus. Dabei dehnt es sich aus. Dadurch kann man mit dem Inhalt einer Stahlflasche sehr viele Luftballons füllen. Gase nehmen jeden Raum ein, den man ihnen zur Verfügung stellt.

> Gase haben kein bestimmtes Volumen.

Lungenvolumen beim Menschen. Das Atemvolumen beträgt bei normaler Atmung ohne körperliche Belastung etwa 0,5 l. Das maximale Atemvolumen kann bis zu 3 l betragen (siehe Tabelle). Die Anzahl der Atemzüge ist stark vom Lebensalter abhängig: Neugeborene führen je Minute 40 bis 50 Atemzüge durch, Fünfjährige 20 bis 30, Zehnjährige 20 bis 25, Fünfzehnjährige bis 20 und Erwachsene 16 bis 18 Atemzüge.

Alter in Jahren	Maximales Atemvolumen in l bei	
	Mädchen	Jungen
12	1,6	1,85
13	1,8	2,0
14	2,0	2,2
15	2,2	2,5
16	2,25	2,7
17	2,3	3,15
18	2,35	3,2

Volumenbestimmung

Bei vielen Stoffen muss das Volumen genau bestimmt werden, weil sich der Preis nach dem Volumen richtet, so z. B. bei flüssigen Stoffen wie Trinkwasser, Benzin und Öl, bei Baustoffen wie Sand und Holz. Beim Kochen und Backen muss das Volumen von Wasser oder Milch abgemessen werden, so wie es im Rezept angegeben ist (Bild 1). Wie kann man das Volumen von Körpern bestimmen?

Messung des Volumens regelmäßiger fester Körper. Viele Körper haben eine regelmäßige Form. Ihr Volumen lässt sich leicht ermitteln. Man berechnet es einfach! Für das Volumen von Würfeln und Quadern kennst du die folgenden Gleichungen:

Würfel: $V = a \cdot a \cdot a$ Quader: $V = a \cdot b \cdot c$

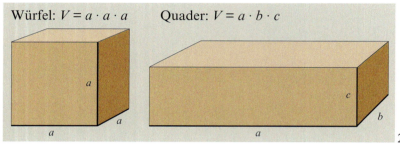

Messung des Volumens flüssiger Körper. Das Volumen von Flüssigkeiten kann man sehr einfach ermitteln. Dazu benutzt man geeignete Messgeräte wie Messbecher und Messzylinder (Bild 3).

EXPERIMENT 2
Bestimme das Volumen einer Flüssigkeit!
1. Wähle einen Messzylinder aus, der die erforderliche Größe besitzt.
2. Stelle den Zylinder auf eine horizontale Unterlage.
3. Gieße die Flüssigkeit ein.
4. Lies ab, bis zu welchem Skalenteil die Flüssigkeit in der Mitte des Zylinders steht.

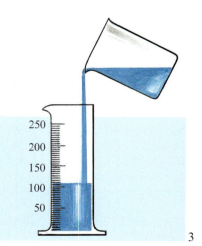

Volumenbestimmung unregelmäßig geformter fester Körper. Die meisten Gegenstände sind unregelmäßig geformt, z. B. Essbestecke, Kartoffeln und Feldsteine (Bild 4). Wie lässt sich das Volumen solcher Körper bestimmen?
Wenn du einen Stein in eine Wasserpfütze wirfst, spritzt es. Der Stein verdrängt das Wasser. Wenn du ein leeres Trinkglas auf dem Kopf stehend ganz in Wasser eintauchst, so verdrängen das Glas und die Luft im Glas das Wasser (Bilder 1 und 2 auf S. 87). Drehst du das Glas langsam um, fließt Wasser in das Glas hinein. Das Wasser verdrängt die Luft im Glas. Dadurch steigen Luftblasen auf (Bild 3 auf S. 87). Du erkennst: Wo ein Körper ist, kann kein zweiter Körper sein.

Körper verdrängen sich gegenseitig.

Eigenschaften von Körpern 87

Die gegenseitige Verdrängung kann man ausnutzen, um das Volumen von Körpern zu bestimmen. Diese Methode ist in Bild 4 dargestellt. Man taucht einen Stein in ein Gefäß mit Wasser. Je tiefer der Stein eintaucht, umso mehr steigt der Wasserspiegel. Befindet sich der ganze Stein unter Wasser, so verdrängt er genau so viel Wasser, wie es seinem eigenen Volumen entspricht. Diese Methode heißt **Differenzmethode.**

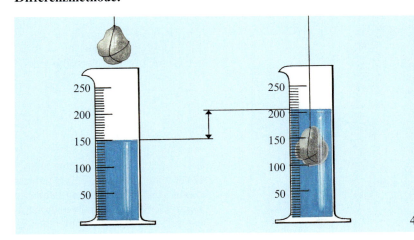

EXPERIMENT 3
Bestimme das Volumen eines Steins!
1. Fülle einen Messzylinder etwa zur Hälfte mit Wasser!
2. Lies das Volumen des Wassers ab!
3. Tauche einen Stein vollständig in das Wasser ein!
4. Lies das gemeinsame Volumen von Wasser und Stein ab!
5. Berechne das Volumen des Steins als Differenz der beiden Messwerte!

Eine weitere Methode zur Volumenbestimmung ist in Bild 5 dargestellt. Auch die **Überlaufmethode** beruht auf dem Prinzip der Verdrängung.

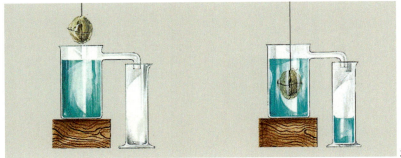

Ein Blick ins Physiklabor

Zur Arbeitsweise der Physiker

Wenn du im Supermarkt Obst kaufen möchtest, musst du es auf einer Waage abwiegen. „Auf Knopfdruck" wird die Masse und der Preis angezeigt. Sekundenschnell wird der Aufkleber ausgedruckt (Bild 1). Auch beim Tanken wird das Volumen des Benzins automatisch gemessen. An der Zapfsäule und am Kassenautomaten kann man die Messwerte ablesen.

In beiden Fällen vertrauen wir den aufgestellten Messgeräten und kontrollieren nie die angezeigten Messwerte. Die Verkäufer sind für die Genauigkeit der Waagen und Zapfsäulen verantwortlich. In regelmäßigen Abständen müssen sie die Messgeräte eichen lassen.

Du weißt bereits, dass Physiker einen Vorgang im Experiment besser beobachten können, als in der Natur. In vielen Fällen reicht aber das Beobachten allein nicht aus. Um die Zusammenhänge genau zu untersuchen, müssen die Physiker messen. Dabei müssen sie besonders sorgfältig arbeiten und ihre Messungen ständig kontrollieren. Worauf muss ein Physiker achten, wenn er z.B. das Volumen eines unregelmäßig geformten Körpers bestimmen muss?

1

falsch — 2   richtig — 3
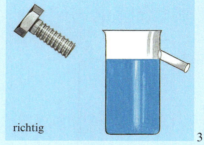

Der Körper sollte sauber sein, damit die Messung nicht verfälscht wird. Ebenso sollten sich im Wasser und an der Oberfläche des Körpers keine Luftblasen befinden.

falsch — 4

richtig — 5

Der Messzylinder sollte eine möglichst feine Skaleneinteilung haben, damit man die Werte genau ablesen kann. Der Zylinder muss möglichst eng sein, damit das Volumen des verdrängten Wassers gut zu messen ist.

falsch — 6

richtig — 7

Beim Ablesen des Volumens sollte man stets senkrecht auf die Skala blicken. Nur dann sieht man den Wasserspiegel genau in der Höhe des entsprechenden Skalenteils.

Eigenschaften von Körpern

Das Vergleichen von Massen

Schon im Altertum mussten die Menschen beim Handeln die Massen verschiedener Waren miteinander vergleichen. Sie mussten wissen, wie viel Masse der einen Ware sie gegen wie viel Masse einer anderen Ware eintauschen wollten. Dazu war es z. B. notwendig, die Masse eines Schafes und die eines Fasses Getreide zu bestimmen.
Im Mittelalter bekamen die Bauern genau vorgeschrieben, welche Massen der einzelnen Produkte sie in einem Jahr an den Gutsherren abliefern mussten.

Das Messen der Masse erfolgte in den verschiedenen deutschen Ländern in unterschiedlichen Einheiten.
So benutzte man in Sachsen, Preußen und Mecklenburg als Masseneinheit zwar die Tonne. Aber Tonne war nicht gleich Tonne. Es war
1 mecklenburgische Tonne = 1,3 preußische Tonnen und
1 mecklenburgische Tonne = 1,6 sächsische Tonnen.
In anderen Ländern waren ganz andere Einheiten gebräuchlich. In Russland maß man in Pud und Wedro, in Griechenland in Talenten und Minen und in Spanien in Azumbre. Die unterschiedlichen Einheiten behinderten den Handel zwischen den Ländern sehr stark.
Hinzu kam, dass auch die verschiedenen Handwerke besondere Einheiten benutzten. Noch vor 100 Jahren maßen die Apotheker z. B. in Pfund und Lot und die Goldschmiede in Unzen und Karat.
Einige solcher Einheiten werden sogar heute noch benutzt, so Unzen und Karat von Goldschmieden. Um die Schwierigkeiten beim Handel zu beseitigen, gibt es seit 1889 die internationale Vereinbarung, dass die Einheit der Masse Kilogramm ist.

Das Urkilogramm. Ein Kilogramm ist die Masse des „Urkilogramms", das in einem Safe in Sèvres bei Paris aufbewahrt wird (Bild 2). Es ist ein Zylinder aus einer Platin-Iridium-Legierung. Er hat einen Durchmesser und eine Höhe von je 39 mm. Jedes Land hat eine Nachbildung des Zylinders. Dadurch können überall gleiche Wägestücke hergestellt werden.

Ein Blick in die Geschichte

Schon gewusst?

Umrechnungen für einige Einheiten

1 Karat   = 200 mg
1 Drachme   =   4,3 g
1 Lot   = 16,7 g
1 Feinunze (Gold) = 31,10 g
1 engl. Unze   = 28,35 g
1 Pfund   = 500 g
(in Großbritannien und Nordamerika: 453,6 g)

AUFGABEN

1. Ordne die Worte nach Körper und Stoff: Schere, Bike, Eisen, Vase, Buch, Wasser, Erdgas, Öl, Glasflasche, Luft im Ball, Sauerstoff, Kartoffel, Benzin im Tank, Wasser im Aquarium, Holz!
2. Nenne die Aggregatzustände. Gib für jeden Aggregatzustand 2 Beispiele an.
3. Ordne die in Aufgabe 1 genannten Körper und Stoffe nach Aggregatzuständen!
4. Messen ist Vergleichen. Erläutere diese Aussage an einem Beispiel, wo mittels einer Balkenwaage und Wägestücken die Masse eines Apfels bestimmt wird!
5. Du sollst die Masse eines Briefes, einer Schraube, eines Apfels, einer Tüte Mehl, eines Beutels Kartoffeln und eines Mitschülers bestimmen. Schätze die Massen dieser Körper ab.
Welche Waage würdest du jeweils benutzen?
6. Welche Wägestücke befinden sich jeweils auf der Waagschale, wenn du die Masse einer Kartoffel zu 95 g, einer Apfelsine zu 135 g und einer Pampelmuse zu 380 g bestimmt hast?
7. Beschreibe, wie du die Masse von 100 ml Wasser mit einer Briefwaage bestimmen kannst!
8. Du möchtest das Fassungsvermögen einer Kaffeetasse bestimmen. Dir stehen Messzylinder von 25 ml, 100 ml, 250 ml und 1000 ml zur Verfügung. Welchen wählst du aus? Begründe deine Entscheidung.
9. Wie kann man das Volumen eines Wassertropfens bestimmen?
10. Wie kannst du das Volumen der folgenden Körper bestimmen: Holzkugel, Würfelzucker, Gießkanne, Tiefkühltruhe, Buchseite, 1-€-Münze?
11. Bild 1 zeigt Geräte für eine Volumenbestimmung. Beschreibe, was du der Reihe nach tun musst!
12. Schätze das Volumen folgender Körper: Würfelzucker, Ziegelstein, Packung H-Milch, große Packung Waschpulver. Miss die Kantenlängen der Körper und berechne ihr Volumen! Vergleiche mit deinen Schätzungen!
13. Der Trog des Schiffshebewerkes Niederfinow hat die Form eines Quaders (Bild 2). Er ist 85 m lang und 12 m breit. Wie viel Wasser befindet sich bei einer Wassertiefe von 2,50 m in dem Trog?

14. Wenn bei einem Auto ein Fenster geöffnet ist, lässt sich die Autotür leicht zuschlagen. Warum geht das nicht so gut, wenn alle anderen Fenster und Türen geschlossen sind?
15. Warum ist es nicht zweckmäßig, ein Wasservolumen von 25 ml mit einem 1000-ml-Messzylinder abzumessen?
16. Manche Trichter aus Kunststoff besitzen außen am Rohr eine Rille.
Welche Aufgabe hat sie?
17. Ein Eisenkörper hat ein doppelt so großes Volumen wie ein anderer Körper aus Eisen. Was kannst du über die Masse beider Körper aussagen?

Eigenschaften von Körpern

ZUSAMMENFASSUNG

Körper und Stoff.

Alle Gegenstände, die uns umgeben, nennt man Körper.

Es gibt 3 Aggregatzustände: fest, flüssig und gasförmig.

Körper, die sich in diesen Zuständen befinden nennt man feste Körper bzw. Flüssigkeiten und Gase.

Jeder Körper besteht aus einem oder aus mehreren Stoffen

Gemeinsamer Stoff: Eisen

Masse. Jeder Körper besitzt eine Masse. Die Masse eines Körpers gibt an, wie schwer oder leicht dieser ist.

Formelzeichen: m

Einheit: Kilogramm (kg)

Messgerät: Waage

Volumen. Den Raum, den ein Körper einnimmt, nennt man sein Volumen.

Formelzeichen: V

Einheit: Kubikmeter (m^3)

Messgerät: Messzylinder (für die Bestimmung des Volumens von Flüssigkeiten)

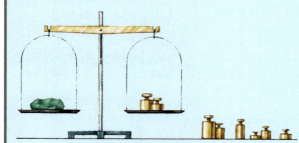

Messen der Masse mit einer Balkenwaage

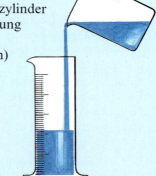

Messen des Volumens mit einem Messzylinder

Einfache Möglichkeiten der Volumenbestimmung

Regelmäßig geformte Körper

Messen der Kantenlängen und Berechnen des Volumens

Unregelmäßig geformte Körper

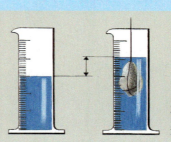

Messen der Volumenzunahme im Messzylinder

Dichte von Stoffen

Der Mann muss sich sehr anstrengen, wenn er den Stein anheben will. Da hat es das Mädchen einfacher! Es gelingt ihr mit Leichtigkeit, den großen Schaumstoffblock anzuheben und oben zu halten.
Wie ist das möglich? Der Schaumstoffblock ist doch viel größer als der Stein.

Zusammenhang zwischen Masse und Volumen von Körpern

Der Müllwagen soll auf einer Fahrt möglichst viel Müll transportieren (Bild 2a). Das wird dadurch möglich, dass der Müll zusammengepresst wird. Seine einzelnen Bestandteile liegen dann enger beisammen (Bild 2b).
Im gewöhnlichen Beton liegen alle Bestandteile dicht beieinander (Bild 3). Für manche Zwecke benötigt man aber Schaumbeton. Diesen stellt man ähnlich her wie Schlagsahne. Schaumbeton enthält viele kleine Luftblasen (Bild 4). Dadurch kann man ihn leichter verarbeiten.
Um diese Zusammenhänge beim Müll und beim Beton zu beschreiben, verwenden die Physiker den Begriff **Dichte**.
Beim Zusammenpressen bleibt die Masse des Mülls gleich. Sein Volumen wird aber kleiner. Dadurch nimmt die Dichte des Mülls zu.
Beim Aufschäumen bleibt die Masse des Betons gleich. Sein Volumen wird aber größer. Dadurch nimmt die Dichte des Betons ab.

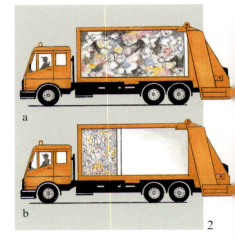

Schnitt durch Beton

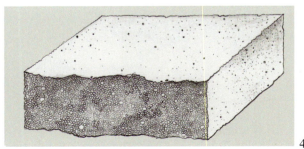

Schnitt durch Schaumbeton

Dichte von Stoffen

> Je kleiner das Volumen eines Körpers (bei gleicher Masse) ist, desto größer ist die Dichte des Stoffes, aus dem er besteht.

Ein mittelgroßer Lastkraftwagen darf im Höchstfalle mit einer Masse von 5 000 kg beladen werden. Ein Lkw-Fahrer erhält den Auftrag, Kanthölzer zu transportieren (Bild 1). „Pack den Wagen nur voll!", ruft er dem Kranführer zu. Danach muss er Ziegelsteine fahren (Bild 2). Obwohl die Ladefläche erst zur Hälfte mit Paletten vollgestellt ist, ruft er schon: „Genug! Mehr als 2,5 m³ dürfen es nicht sein!" Schließlich transportiert er Stahlträger. Diese sieht man kaum auf der Ladefläche. Es dürfen nicht mehr als 0,6 m³ sein (Bild 3).

1

2

3

Die Dichte eines Stoffgemisches hängt auch davon ab, welche Masse die einzelnen Bestandteile besitzen. 1 m³ Hausmüll enthält unter anderem Holz, Papier und Kunststoff. Dadurch ist die Masse klein. 1 m³ Eisenschrott enthält neben Rost viel Eisen. Dadurch ist die Masse groß. Eisenschrott hat eine größere Dichte als Hausmüll.

> Je größer die Masse eines Körpers (bei gleichem Volumen) ist, desto größer ist die Dichte des Stoffes, aus dem er besteht.

Die Dichte von Stoffen

Um die Dichte verschiedener Stoffe miteinander zu vergleichen, gibt es eine einfache Methode:
Man wählt Körper aus verschiedenen Stoffen aus, die das gleiche Volumen besitzen. Und dann vergleicht man ihre Massen miteinander. Dieser Vergleich ist in Bild 4 dargestellt. Dort haben alle Körper ein Volumen von 1 cm³. Die Würfel bestehen aus verschiedenen Stoffen.
Sie haben unterschiedliche Massen. Die Masse des Bleiwürfels beträgt 11,3 g, die des Eisenwürfels 7,8 g, der Aluminiumwürfel hat eine Masse von 2,7 g usw.
Daraus erkennt man, dass Blei von allen dargestellten Stoffen die größte Dichte hat. Die kleinste Masse hat der Korkwürfel. Kork hat die geringste Dichte.

1 cm³		Masse
	Kork	0,3 g
	Aluminium	2,7 g
	Eisen	7,8 g
	Blei	11,3 g

4

Hat ein Körper ein anderes Volumen als ein Kubikzentimeter, so braucht man nur die Masse für einen Kubikzentimeter auszurechnen (Bild 1). Aus der Masse, die ein Kubikzentimeter eines Stoffes besitzt, kann man leicht erkennen, wie groß die Dichte dieses Stoffes ist.

Um die Dichte eines Stoffes zu bestimmen, braucht man einen Körper, der nur aus diesem Stoff besteht. Dann gilt:

Dichte = $\dfrac{\text{Masse des Körpers}}{\text{Volumen des Körpers}}$

Das Formelzeichen für die physikalische Größe Dichte ist der griechische Buchstabe ϱ (gesprochen rho).

| Gleichung für die Dichte: $\varrho = \dfrac{m}{V}$ |

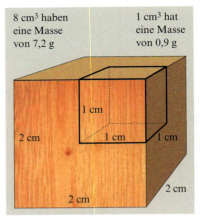

Dichte von Holz: 0,9 g/cm³

Setzt man in dieser Gleichung für die Masse die Einheit kg und für das Volumen die Einheit m³ ein, so ergibt sich die Einheit der Dichte.

| Die Einheit der Dichte ist Kilogramm je Kubikmeter $\left(\dfrac{\text{kg}}{\text{m}^3}\right)$. |

Diese Einheit der Dichte ist nicht immer praktisch. Deshalb gibt man die Dichte oft in Gramm je Kubikzentimeter (g/cm³) oder in Kilogramm je Kubikdezimeter (kg/dm³) an.
Es bestehen die Umrechnungsbeziehungen:

$1 \dfrac{\text{t}}{\text{m}^3} = 1 \dfrac{\text{kg}}{\text{dm}^3} = 1 \dfrac{\text{g}}{\text{cm}^3}$

$1 \dfrac{\text{kg}}{\text{m}^3} = 0{,}001 \dfrac{\text{g}}{\text{cm}^3}$

In der folgenden Tabelle sind die Dichten einiger fester, flüssiger und gasförmiger Stoffe zusammengestellt:

Stoff	Dichte in $\dfrac{\text{g}}{\text{cm}^3}$	Stoff	Dichte in $\dfrac{\text{g}}{\text{cm}^3}$	Stoff	Dichte in $\dfrac{\text{g}}{\text{cm}^3}$
Metalle		Baustoffe		Flüssigkeiten / Gase	
Aluminium	2,7	Schaumstoff	0,015	Benzin	0,7
Zink	7,1	Kork	0,25 bis 0,35	Spiritus	0,8
Stahl	7,8	Schaumbeton	0,3 bis 1,6	Schmieröl	0,9
Messing	8,5	Sand	1,6 bis 2,1	Wasser	1,0
Kupfer	8,9	Ziegel	1,8	Quecksilber	13,6
Silber	10,5	Beton	1,9 bis 2,8		
Blei	11,3	Glas	2,4 bis 2,6	Luft	0,001 29
Gold	19,3	Granit	2,5 bis 3,1	Kohlenstoffdioxid	0,001 98

Dichte von Stoffen

Solche Stoffe, die eine große Dichte besitzen, bezeichnet man im täglichen Leben als „schwere" Stoffe. Blei ist ein „schwerer" Stoff. Stoffe mit geringer Dichte nennt man „leichte" Stoffe. Schaumstoff und Kork sind „leichte" Stoffe.

Baumwolle ist ein „leichter" Stoff.   Gestein ist ein „schwerer" Stoff.

Um die Dichte eines Stoffes, aus dem ein Körper besteht, zu bestimmen, kann man Masse und Volumen ermitteln. Die Bestimmung der Masse erfolgt mit der Waage. Das Volumen ist leicht zu berechnen, wenn der Körper eine regelmäßige Form hat. Für die Volumenbestimmung unregelmäßig geformter Körper hast du bereits Verfahren kennen gelernt. Nutze eines im folgenden Experiment!

> **EXPERIMENT 1**
> Ermittle den Stoff, aus dem ein vorgegebener Metallkörper besteht!
> 1. Bestimme die Masse des Körpers.
> 2. Bestimme das Volumen des Körpers (siehe S. 87).
> 3. Berechne die Dichte.
> 4. Vergleiche die Dichte mit den Tabellenwerten und äußere eine Vermutung, um welchen Stoff es sich handeln könnte.

Wenn Masse und Volumen eines Körpers bekannt sind, kann man die Dichte des Stoffes, aus dem er besteht, berechnen.

Beispiel für die Berechnung der Dichte
Ein goldglänzender Körper hat eine Masse von 102 g. Sein Volumen beträgt 12 cm³. Besteht er aus Gold? Um diese Frage zu beantworten, berechnet man seine Dichte und vergleicht sie mit der von Gold.

Gesucht: $\varrho \left(\text{in } \frac{g}{cm^3} \right)$ *Gegeben:* $m = 102 \text{ g}$
$V = 12 \text{ cm}^3$

Lösung: $\varrho = \frac{m}{V}$ $\varrho_{\text{Gold}} = 19{,}3 \frac{g}{cm^3}$

$\varrho = \frac{102 \text{ g}}{12 \text{ cm}^3}$

$\underline{\underline{\varrho = 8{,}5 \frac{g}{cm^3}}}$

Ergebnis: Der Körper besteht nicht aus Gold. Er könnte aus Messing bestehen.

Der Zusammenhang von Masse, Volumen und Dichte

Die beiden Körper in Bild 1 haben das gleiche Volumen und eine unterschiedliche Masse. Das ist möglich, weil sie aus verschiedenen Stoffen bestehen.
Die beiden Körper auf Bild 3 haben die gleiche Masse und unterschiedliche Volumen. Das tritt dann auf, wenn die Dichte der Stoffe verschieden ist.

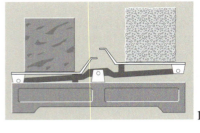
1

3

2

Die Anlage in Bild 2 zerkleinert Steine. Dabei ändert sich die Größe aber nicht die Dichte der Steine. Solche Steine verwendet man z. B. als Schotter bei Bahngleisen oder als Zuschlagstoffe bei Schwerstbeton. Der Haufen zerkleinerter Steine wird immer größer. Das Gesamtvolumen nimmt zu. Dadurch ändert sich auch die Gesamtmasse des Steinhaufens.
Wie verhalten sich Volumen und Masse zueinander?

EXPERIMENT 2
Ermittle den Zusammenhang zwischen Volumen und Masse bei Körpern, die alle aus dem gleichen Stoff bestehen!
1. Besorge dir Steine mit unterschiedlicher Größe, die alle aus dem gleichen Material bestehen.
2. Bestimme die Masse und das Volumen der Körper.
3. Trage die Messwerte in eine Tabelle ein.
4. Zeichne ein Masse-Volumen-Diagramm.

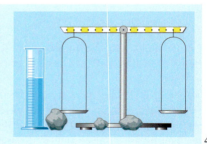
4

Ein Experiment lieferte Messwerte, wie sie in der Tabelle dargestellt sind.

Um einen Zusammenhang zwischen dem Volumen V und der Masse m zu finden, schaut man sich zuerst die Veränderung der einzelnen Größen an. Man stellt fest: Masse und Volumen der Körper werden größer, sie nehmen zu.
Jetzt kann man eine erste Vermutung über den Zusammenhang äußern: Bestehen Körper aus dem gleichen Stoff, wird mit zunehmendem Volumen auch die Masse größer.

m in g	V in cm^3
97	42
221	96
281	122
517	225
814	354

Dichte von Stoffen

Um diesen Zusammenhang genauer zu untersuchen, trägt man die Messwertpaare in ein Diagramm ein.
Bild 1 zeigt das Masse-Volumen-Diagramm für Experiment 2.

Durch alle Messwertepaare kann man eine Gerade legen. Die Gerade verläuft durch den Koordinatenursprung.
Daraus folgt: Je größer das Volumen des Steins, desto größer ist auch seine Masse.
Führt man das Experiment mit anderen Körpern durch, die aus anderen Stoffe bestehen, erhält man andere Messwerte. Aber immer liegen sie auf einer Geraden, die durch den Koordinatenursprung verläuft.
Daraus folgt:

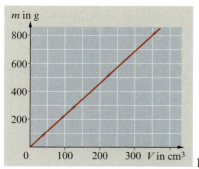

Masse-Volumen-Diagramm

> Für ein und denselben Stoff gilt: Je größer das Volumen des Körpers, desto größer ist die Masse des Körpers.

Bestimmung der Dichte von Luft

Die Dichte von Gasen ist viel kleiner als die Dichte von festen Körpern oder Flüssigkeiten. Bei der Bestimmung der Dichte von Gasen muss man deshalb sehr sorgfältig arbeiten.

EXPERIMENT 3
Ermittle die Dichte von Luft!
1. Bestimme mit einer Präzisionswaage die Masse einer speziellen Hohlkugel, deren beide Hähne geöffnet sind.
2. Mit einer Vakuumpumpe wird die Luft fast vollständig aus der Kugel heraus gesaugt.
3. Bestimme die Masse der luftleeren Kugel.
4. Ermittle das Volumen der heraus gepumpten Luft, indem du Wasser in die Kugel einströmen lässt. Bestimme das Volumen des eingeflossenen Wassers mit einem Messzylinder.

Die Kugel mit Luft besitzt eine geringfügig größere Masse (m_1 = 183,91 g) als die luftleer gepumpte Kugel (m_2 = 183,21 g). Das Volumen des eingeströmten Wassers betrug 560 ml. Aus der Differenz der beiden Massen m_1 und m_2 kann man die Masse der in der Kugel eingeschlossen Luft bestimmen: m_{Luft} = 0,70 g.

$$\varrho_{Luft} = \frac{m}{V} \qquad \varrho_{Luft} = \frac{0{,}70 \text{ g}}{560 \text{ cm}^3}$$

$$\varrho_{Luft} = 0{,}00125 \frac{\text{g}}{\text{cm}^3}$$

In der Tabelle auf Seite 94 findest du den genauen Wert:
ϱ_{Luft} = 0,00129 g/cm^3.

98 Körper und Stoffe

Bestimmung der Dichte von Flüssigkeiten

An der Dichte eines Stoffes kann man erkennen, ob dieser in Wasser schwimmt oder untergeht. Welche Dichte hat Wasser und wie bestimmt man die Dichte einer Flüssigkeit?

EXPERIMENT 4
Ermittle die Dichte von Wasser!
1. Bestimme die Masse eines leeren Becherglases (m_{Glas}).
2. Fülle ein bestimmtes Volumen Wasser (V_{Wasser}) in das Becherglas.
3. Bestimme die Masse des gefüllten Becherglases (m_{gesamt}).
4. Ermittle die Masse des Wassers (m_{Wasser}).
5. Berechne die Dichte von Wasser.

1

Wasser hat eine Dichte von 1 g/cm³.

Alle Stoffe, deren Dichte größer ist als die von Wasser, gehen im Wasser unter. Alle Stoffe deren Dichte kleiner ist als die Dichte von Wasser, schwimmen auf dem Wasser.

Stahl hat eine Dichte von 7,8 g/cm³. Sie ist wesentlich größer als die Dichte von Wasser. Ein Stahlkörper geht also unter. Der Korken aus einer Weinflasche mit einer Dichte von 0,35 g/cm³ schwimmt. Auch Benzin (ϱ = 0,7 g/cm³) schwimmt als dünne Schicht auf der Wasseroberfläche.
Warum schwimmt dann aber ein Schiff aus Eisen (Bild 2) auf dem Wasser?

2

Ein Schiff ist nicht vollständig aus Stahl gebaut. In seinem Inneren befinden sich große Hohlräume, die mit Luft gefüllt sind.
Um eine Aussage zu machen, warum ein Schiff schwimmt, muss man seine „mittlere Dichte" berechnen. Dazu muss man die Gesamtmasse des Schiffs durch sein Volumen dividieren. Die Gesamtmasse des Schiffes wird vorallem durch das Eisen bestimmt. Das Volumen aber durch die im Schiff enthaltenen Hohlräume.

Wird ein Frachtschiff beladen, so vergrößert sich seine Masse. Das Volumen bleibt aber unverändert. Deshalb nimmt die mittlere Dichte des Schiffes beim Beladen zu. Dadurch sinkt es immer tiefer ins Wasser ein. Man kann das mit einer schwimmenden Blechdose vergleichen, in die man immer mehr Steine hinein legt (Bild 3).

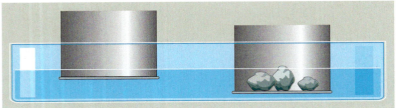
3

Dichte von Stoffen

Projekt

Dichtebestimmung mit dem Aräometer

Für die Bestimmung der Dichte von Flüssigkeiten gibt es ein spezielles Messinstrument. Es heißt **Aräometer** (Bild 1). Ein Aräometer ist ein hohles Glasgefäß. Sein unterer Teil ist durch ein Metall beschwert. Am oberen Teil befindet sich eine Skala. Bringt man das Aräometer in verschiedene Flüssigkeiten, so taucht es, je nach Dichte der Flüssigkeit, unterschiedlich tief ein. An der Stelle, bis zu der die Flüssigkeit reicht, wird die Dichte ϱ abgelesen. Im Bild 1 beträgt sie 0,9 g/cm^3.

Aräometer werden z. B. zur Bestimmung des Alkoholgehalts in Getränken, des Zuckergehalts im Rübensaft und zur Überprüfung des Ladezustandes von Akkumulatoren genutzt.

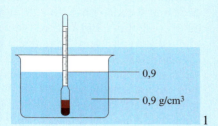

Für Aquarianer ist es wichtig, ob sie Süßwasserfische oder Meeresfische halten. Neben der richtigen Wassertemperatur ist der Salzgehalt des Wassers von Bedeutung.
Meerwasser enthält im Durchschnitt 35 g gelöste Salze pro Liter. Es ist deshalb schwerer als Süßwasser. Die optimale Dichte des Meerwassers liegt zwischen 1,021 und 1,025 g/cm^3.
Empfindliche Fische und Korallen reagieren auf Abweichungen im Salzgehalt des Wassers (Bild 2). Zur Überprüfung des Salzgehalts nutzt man besondere Seewasser-Aräometer.

AUFTRAG
Bestimme mit einem selbst gebauten Aräometer die Dichte einer unbekannten Flüssigkeit!

Bauanleitung: Dichte-Messgerät für Flüssigkeiten (Aräometer)

Benötigte Materialien:
1 Reagenzglas
1 schmaler Papierstreifen, Leim
etwas Sand oder kleine Schrotkugeln

Durchführung:
Schneide den Papierstreifen so zurecht, dass er der Länge nach auf das Reagenzglas passt. Klebe ihn dann auf das Reagenzglas.
Fülle ein Glas 3/4 voll mit Wasser und stelle das Reagenzglas mit dem Papierstreifen hinein. Damit dass Reagenzglas gut im Wasser „steht", füllst du etwas Sand hinein (Bild 3).
Markiere mit einem Bleistift auf dem Papierstreifen, wie tief das Messgerät ins Wasser eintaucht.
Stelle dein Dichte-Messgerät auch in andere Flüssigkeiten, z. B. in Milch, Öl, Spiritus oder Benzin. Markiere jeweils die Eintauchtiefe.

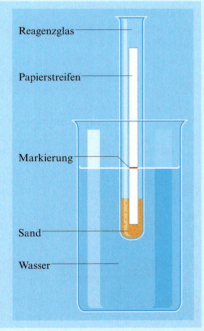

Mithilfe der Tabelle auf Seite 94 kannst du dir eine Skala für das Aräometer anfertigen. Schreibe dazu an den jeweiligen Strich den Wert für die Dichte der bekannten Flüssigkeiten.
Nun kannst du die Dichte der unbekannten Flüssigkeit bestimmen.

Körper und Stoffe

Schwere und leichte Stoffe

Der Name „Steinzeitmenschen" erinnert daran, dass sie ihre wichtigsten Werkzeuge aus Stein gefertigt haben. Feuersteine sind sehr hart und wurden deshalb zu Faustkeilen, Steinäxten und Pfeilspitzen verarbeitet (Bild 1). Der Nachteil der harten Steine bestand vor allem darin, dass man sie schlecht bearbeiten konnte. Deshalb haben Geräte aus Bronze und Eisen die Steinwerkzeuge abgelöst. Sie konnten in jede beliebige Form gegossen oder geschmiedet werden. Neben Werkzeugen stellte man später Maschinen, Brücken, Eisenbahnen und andere Fahrzeuge aus Eisen her (Bild 2). Diese Metalle finden auch heute noch in großem Maße Verwendung.

Für den Bau von Flugzeugen sind sie jedoch nicht geeignet. Sie sind viel zu schwer, d. h., sie haben eine zu große Dichte. So ist z. B. für Eisen $\varrho = 7,8$ g/cm^3. Deshalb wurde der Bau von Luftschiffen und größeren Flugzeugen erst möglich, als man ein geeignetes Leichtmetall zur Verfügung hatte. Dieses Leichtmetall war Aluminium. Es hat eine Dichte von 2,7 g/cm^3. Aber es ist zu weich. 1906 entwickelte der deutsche Ingenieur ALFRED WILM das Duraluminium, auch „Dural" genannt. Dazu wurde das Aluminium mit etwas Kupfer und Magnesium zusammengeschmolzen. So stieg seine Festigkeit auf das Zehnfache. Damit ist Dural fast so fest wie Stahl. Bereits 1919 baute der deutsche Ingenieur HUGO JUNKERS das erste zivile Ganzmetallflugzeug der Welt mit geschlossener Passagierkabine aus Dural, die „Junkers F 13". 1930 wurde die 3-motorige Transportmaschine „Ju 52" gebaut, die man heute noch bei Flugschauen sehen kann (Bild 3).

Du kennst das silbrig glänzende Metall Aluminium z. B. von Campingmöbeln, Zeltstangen und Fahrradfelgen.

1963 gelang es erstmals, sehr feste Kohlefasern herzustellen. Wird Kunststoff mit solchen Carbon-Fasern verstärkt, entsteht ein sehr stabiles Material, das eine noch geringere Dichte als Aluminium besitzt. Es findet in der Weltraumtechnik, aber auch zur Herstellung von Fahrrädern Verwendung (Bild 4).

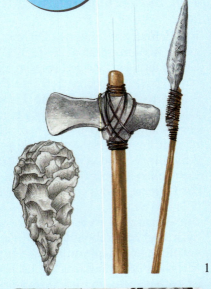

1

2

3

4

Dichte von Stoffen

Ein Blick in die Technik

Heißluftballons

Das Fahren mit dem Heißluftballon wird immer beliebter. Lautlos treibt der Wind den Ballon in 150 Meter bis 400 Meter Höhe über die Landschaft. Nur einzelne Feuerstöße aus dem Brenner durchbrechen von Zeit zu Zeit die Stille. Bild 1 zeigt wesentliche Teile eines Heißluftballons. Die Hülle besteht aus dünnem, reißfestem Nylon und ist mit Polyurethan beschichtet. Als tragendes Skelett der Hülle dienen senkrechte und waagerechte Gurte mit großer Reißfestigkeit.

Die Tragfähigkeit eines Heißluftballons hängt von dessen Volumen und von der Temperaturdifferenz zwischen der Heißluft im Inneren und der äußeren Luft ab. Heißluft hat eine geringere Dichte als Kaltluft. Dadurch steigt heiße Luft nach oben.

In einem mittelgroßen Ballon mit einem Fassungsvermögen von etwa 4 000 m^3 hat die Heißluft eine Masse von etwa 4 000 kg. Sie verdrängt 4 000 m^3 Kaltluft mit einer Masse von etwa 5 200 kg. Damit kann die Heißluft eine Last von etwa 1200 kg in die Höhe tragen.

Darin ist schon die Eigenmasse des Ballons mit eingeschlossen. Hülle, Korb und weiteres Zubehör müssen also möglichst leicht sein.

Zum Starten sind umfangreiche Vorbereitungen erforderlich. Zunächst müssen die bis zu 30 Meter langen Stoffbahnen der Hülle ausgebreitet werden.

Dann bläst ein leistungsstarker Ventilator Kaltluft in die schlaffe Hülle hinein. Ist sie zu zwei Dritteln gefüllt, entzündet der Pilot den Gasbrenner und richtet ihn in die Öffnung. Die Feuerstöße sind bis zu 2 Meter lang. Damit sie nicht auf den Ballon treffen, verhindert ein Windtuch das seitliche Wegblasen der Flammen.

In Sekundenschnelle erhöht sich die Temperatur der Luft in der Hülle auf 90 °C. Das reicht zum Aufrichten des Ballons. Jetzt müssen Helfer und Passagiere den Korb festhalten, damit er nicht vorzeitig abhebt. Nach vielfältigen Sicherheitskontrollen des Piloten klettern die Passagiere zum Piloten in den Korb. Nun wird der Korb von den Helfern freigegeben. Zugleich erhöht der Pilot die Temperatur der Innenluft der Hülle bis auf etwa 120 °C. Die Fahrt beginnt. Ein weiteres Steigen oder Sinken des Ballons steuert der Pilot allein mit der Temperatur der Heißluft. Dazu dient neben dem Brenner die Parachute am Top der Hülle (Bild 3). Dieses fallschirmartige Ventil wird je nach Bedarf mehr oder weniger geöffnet. Beim Landemanöver wird die Parachute kurz vor Erreichen des Erdbodens ganz geöffnet.

1

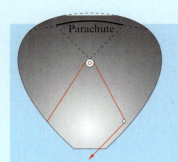
3

102 Körper und Stoffe

Projekt

Bau eines Heißluftballons

Im Handel gibt es verschiedene Modelle von Heißluftballons als Spielzeug zu kaufen. Sie enthalten auch eine genaue Bau- und Startanleitung. Man kann sich aber auch selbst Heißluftballons in verschiedenen Schwierigkeitsstufen bauen. Damit der Start eines eigenen Heißluftballons ein Erfolg wird, muss man vor Beginn des Baus eine Reihe von Fragen lösen.

Wie kann man den Ballon mit heißer Luft füllen?
Am günstigsten wäre ein Propangasbrenner, doch hier besteht die Gefahr, dass der Ballon bereits vor dem Abflug verbrennt. Dies kann man vermeiden, indem man die Flamme mit einem alten Ofenrohr umgibt oder indem man eine leistungsstarke elektrischen Heizplatte verwendet.

Welche Gefahren könnten von dem Ballon ausgehen?
Um den Luftverkehr nicht zu gefährden, darf man in der Nähe von Flughäfen generell keine Heißluftballons starten. Unter dem Ballon darf kein Brenner befestigt sein, da die Brandgefahren beim Absturz oder Landen in größerer Entfernung nicht abzuschätzen sind.

Aus welchem Material soll der Ballon gebaut werden? Wo kann man dieses besorgen?
Die Flächendichte des Materials, darunter versteht man die Masse je 1 m^2 Material, sollte kleiner als 10 g/m^2 sein. Viele Folien und Papiersorten sind schwerer. Gewöhnliches Schreibpapier hat z. B. eine Flächendichte von 70 g/m^2.

Wovon hängen die Flugeigenschaften des Ballons ab?
Die Tragfähigkeit hängt besonders vom Volumen der verdrängten Luft und von der Temperaturdifferenz zwischen der heißen Luft im Ballon und der Luft in der Umgebung ab. Daher sollte man den Ballon nicht zu klein bauen. Und im Sommer ist ein Start in der Mittagshitze sicher ungünstig.

Wie lässt sich der Ballon stabilisieren, damit er nicht umkippt?
Dazu können am unteren Rand Büroklammern oder ein Ring aus leichtem Draht nützlich sein.

AUFTRAG
Baut einen Heißluftballon! Ihr könnt verschiedene Varianten ausprobieren:
Variante 1: Als Heißluftballon dient ein Folienbeutel für den Müllbehälter in der Küche oder ein größerer Kunststoffbeutel.
Variante 2: Ihr baut einen Ballon wie im Bild 2. Im oberen Bereich ähnelt er einer Kugel, im unteren einem Kegelstumpf. Er wird aus 6 Teilstücken zusammengesetzt. Die Maße für ein Teil sind im Bild 1 angegeben. Sie ergeben einen Ballon mit einem Durchmesser von etwa 1 m.
Wenn ihr Papier verwendet, so wird es geleimt (Masse des Leims berücksichtigen!). Folie kann z. B. mit einem Haushalts-Schweißgerät zusammengeschweißt werden. Wenn ihr den Ballon bemalen wollt, müsst ihr auch die Masse der Farbe berücksichtigen.
Experimentiert mit den Ballons. Versucht die Flugeigenschaften so zu verbessern, dass sie möglichst hoch und möglichst lange fliegen.

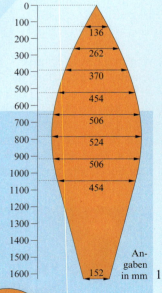

1 Angaben in mm

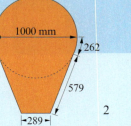

2

Dichte von Stoffen

Märchenhafte Physik

„Hans hatte sieben Jahre bei seinem Herrn gedient, da sprach er zu ihm: ‚Herr meine Zeit ist herum, nun wollte ich gerne wieder heim zu meiner Mutter, gebt mir meinen Lohn.' Der Herr antwortete: ‚Du hast mir treu und ehrlich gedient, wie der Dienst war, so soll der Lohn sein', und gab ihm ein Stück Gold, das so groß als Hansens Kopf war. Hans zog ein Tüchlein aus der Tasche, wickelte den Klumpen hinein, setzte ihn auf die Schulter und machte sich auf den Weg nach Haus."

So ein Glückspilz, denkt man beim Lesen des Märchens. Wer kann schon einen solchen Klumpen Gold nach Hause tragen? Aber lasst uns erst genau nachdenken! Kann das überhaupt möglich sein? Ist der Goldklumpen nicht viel zu schwer?
Wiegen können wir den Goldklumpen nicht. Mit ein wenig Physik können wir seine Masse bestimmen. Dazu müssen wir das Volumen des Goldklumpens und die Dichte von Gold kennen. Der Kopf eines Menschen hat ungefähr ein Volumen von $5 l = 5 dm^3$. Zusammen mit der Dichte von Gold können wir die Masse des Goldklumpens ausrechnen.

AUFTRAG 1
Bestimme die Masse des Goldklumpens und entscheide, ob Hans diesen Klumpen einfach so nach Hause tragen konnte.

AUFTRAG 2
Im Märchen vom Froschkönig spielt die Prinzessin mit einer Goldkugel. Versuche die Masse einer solchen Goldkugel abzuschätzen. Wähle dazu einen Stein aus, der gut in deine Hand passt. Bestimme sein Volumen wie in Experiment 3 auf Seite 87.
Berechne mit der Dichte von Gold und dem Volumen die Masse der „Goldkugel". Hätte ein Frosch eine goldene Kugel mit dieser Masse aus dem Brunnen holen können?

AUFTRAG 3
Suche nach weiteren Märchen und Geschichten in denen du die Physik entdecken kannst. Nutze deine Kenntnisse, um zu prüfen, wie „märchenhaft" diese Geschichten sind.

AUFGABEN

1. Nenne Flüssigkeiten mit großer Dichte und Flüssigkeiten mit kleiner Dichte!
2. Ordne folgende Körper nach der Dichte der Stoffe, aus denen sie bestehen: Messingleuchter, Goldmünze, Aluminiumtopf, Trinkglas, Holzquirl, Kombizange, Kupferdraht, Betonplatte!
3. Eisen hat eine Dichte von 7,8 $\frac{g}{cm^3}$ und Kork eine Dichte von 0,3 $\frac{g}{cm^3}$. Welche Masse hat jeweils 1 dm³ dieser Stoffe?
4. Beschreibe, wie du die Dichte einer Flüssigkeit bestimmen kannst, wenn dir ein Messbecher und eine Waage zur Verfügung stehen!
5. Begründe, warum Flugzeuge zum größten Teil aus Aluminium hergestellt werden!
6. Ein Fundament mit einem Volumen von 34 m³ soll mit Beton ausgegossen werden. Wie groß ist die Masse des erforderlichen Betons, wenn seine Dichte 2 000 kg/m³ beträgt?
7. Die Goldkugel der Prinzessin im Märchen vom Froschkönig hat ein Volumen von 0,1 dm³. Welche Masse hat eine Schaumstoffkugel mit dem gleichen Volumen (Schaumstoff hat eine Dichte von 0,015 kg/dm³)?
Gib die Masse in kg, g und mg an.
8. Ein Lkw darf nur 0,5 m hoch mit Ziegelsteinen beladen werden, damit seine Höchstlast nicht überschritten wird. Wie hoch könnte man ihn theoretisch mit Schaumstoff beladen?
9. In 3 gleiche Flaschen werden je 100 g Benzin, 100 g Öl und 100 g Wasser gefüllt. Warum haben die Flüssigkeitsspiegel eine unterschiedliche Höhe? In welcher Flasche steht die Flüssigkeit am höchsten?
10. Ein Findling hat eine Masse von 3 600 kg. Sein Volumen beträgt 1,1 m³. Wie groß ist die Dichte des Steins?
11. Wie groß ist die Masse von 1 m³ Luft?
12. Wie groß ist die Masse des Benzins, das in einem Tankfahrzeug mit einem Fassungsvermögen von 15 000 l (1 l = 1 000 cm³) transportiert wird?

ZUSAMMENFASSUNG

Die physikalische Größe Dichte kennzeichnet den Stoff, aus dem ein Körper besteht.
Je größer die Masse eines Körpers (bei gleichem Volumen) ist, umso größer ist die Dichte des Stoffes.
Je kleiner das Volumen eines Körpers (bei gleicher Masse) ist, umso größer ist die Dichte des Stoffes.
Die Dichte eines Stoffes kann nach der Gleichung $\varrho = \frac{m}{V}$ berechnet werden.
Darin bedeuten: ϱ die Dichte des Stoffes,
m die Masse des Körpers,
V das Volumen des Körpers.
Die Einheit der Dichte ist Kilogramm je Kubikmeter $\left(\frac{kg}{m^3}\right)$.
Oft wird die Dichte in $\frac{g}{cm^3}$ angegeben.

Stoff	Masse	Volumen	Dichte
Blei	11,3 g	1 cm³	11,3 $\frac{g}{cm^3}$
Eisen	7,8 g	1 cm³	7,8 $\frac{g}{cm^3}$
Wasser	1,0 g	1 cm³	1,0 $\frac{g}{cm^3}$
Holz	0,7 g	1 cm³	0,7 $\frac{g}{cm^3}$

Ein Messverfahren ist die Bestimmung von Masse und Volumen des Körpers und die Berechnung der Dichte nach der Gleichung $\varrho = \frac{m}{V}$.

Bewegungen in Natur und Technik

Schnelle Autos begeistern immer wieder die Besucher bei Autorennen. Eisenbahnen ermöglichen ein rasches und bequemes Reisen. Noch schneller gelangt man mit Flugzeugen an weit entfernt gelegene Reiseziele. Viele Menschen nutzen täglich Boote zur Fortbewegung. Damit Autos, Züge, Flugzeuge und Boote so schnell und sicher fahren, mussten die Techniker viele komplizierte Aufgaben lösen. Die Natur half den Ingenieuren bei der Lösung manches Problems. Vögel und Fische haben einen Lebensraum erobert, der für die Menschen lange Zeit unerschlossen blieb. Durch genaue Beobachtungen und Messungen gelang es, nach dem Vorbild der Natur, Bewegungsabläufe nachzuahmen und technische Geräte zu bauen. Sie ermöglichen eine schnelle Fortbewegung zu Land, im Wasser und in der Luft. Auch der Weltraum konnte erobert werden.

Bewegungen von Körpern

Beim Wandern brauchst du etwa 1 Sekunde, um einen Meter vorwärts zu kommen. Auf kurze Strecken kann ein Mensch bis zu 10 Meter in 1 Sekunde zurücklegen (100-m-Läufer). Ein Gepard schafft bis zu 35 Meter in 1 Sekunde. Schneller darf ein Auto auf einer Landstraße auch nicht fahren (Tempo 100!). Raketen, die Raumschiffe zum Mond bringen sollen, müssen pro Sekunde etwa 10 Kilometer zurücklegen. Wievielmal schneller sind sie als ein Mensch, der wandert?

Bewegung als Ortsveränderung

In Herbst zieht der Schäfer mit seinem Hund und seiner Herde über das Land (Bild 2). Um immer wieder zu frischem Futter zu gelangen, bewegen sich die Schafe. Sie verändern dabei ständig ihren Ort. Sicher hast du schon Pferde auf einer Koppel beobachtet. Sie galoppieren hin und her. Bald sind sie hier, bald dort. Auch die Menschen führen Bewegungen aus. wenn sie es eilig haben, benutzen sie Fahrzeuge. Dadurch verändern sie ihren Ort viel schneller.

| Wenn sich Körper bewegen, verändern sie ihren Ort.

Bewegungen von Körpern

Verschiedene Arten von Bewegungen

Ein Bummel durch einen Vergnügungspark macht immer wieder Spaß! Alles bewegt sich: die Menschen, die Karussells, die Schaukeln und die Autoskooter. Die Bewegungen verlaufen aber sehr unterschiedlich: geradeaus, im Kreis und hin und her.
Du kannst die verschiedenen Arten der Bewegung nicht nur sehen, sondern auch erleben. Du kannst mit dem Wagen die Achterbahn hinauffahren oder die Wasserrutsche hinabsausen. Dann bewegst du dich geradeaus. Du führst eine **geradlinige Bewegung** aus (Bild 1). Wenn du auf einem Kettenkarussell sitzt oder in der Gondel eines Riesenrades, so bewegst du dich immer rundherum auf einem Kreis (Bild 2). Eine solche Bewegung nennt man **Kreisbewegung.** Wenn du hin und her pendeln willst, dann musst du mit einer Luftschaukel fahren (Bild 3). Dort erlebst du eine **Schwingung.**

Geradlinige Bewegung

> Bei den Bewegungsarten kann man zwischen geradliniger Bewegung, Kreisbewegung und Schwingung unterscheiden.

Kreisförmige Bewegung

Gleichförmige und ungleichförmige Bewegung

Autos auf der Autobahn und Züge bewegen sich oft kilometerweit geradlinig. Flugzeuge fliegen ihr nächstes Ziel geradlinig „in Luftlinie" an (Bild 4). Oft bewegen sie sich dabei immer gleich schnell. Solche Bewegungen nennt man **gleichförmige Bewegungen.** Eine geradlinig gleichförmige Bewegung führst du z. B. aus, wenn du mit der Rolltreppe fährst (Bild 5).
Fährt jedoch ein Pkw im Stadtverkehr und kann nicht einer „grünen Welle" folgen, so wird er nach dem Anfahren an einer Ampel zunächst immer schneller, muss dann jedoch bremsen, wenn er sich der nächsten Ampel nähert, die noch auf Rot steht. Er muss sich auch der Bewegung anderer Fahrzeuge anpassen, sodass er wiederholt schneller und langsamer wird und zeitweilig sogar zum Stehen kommen kann. Eine solche Bewegung nennt man **ungleichförmige Bewegung.** Ungleichförmige Bewegungen führen auch Straßenbahnen und Busse aus, wenn der Abstand für Haltestellen sehr klein ist.

Schwingung

Geradlinige gleichförmige Bewegung eines Flugzeuges

> Wichtige Bewegungsformen sind die gleichförmige und die ungleichförmige Bewegung.

Die physikalische Größe Weg

Wenn du dein ferngesteuertes Spielzeugauto auf einem mit 40 cm breiten Platten belegten Fußweg fahren lässt, so tritt beim Übergang von einer zur anderen Platte immer ein Knackgeräusch auf. Die Fuge, an der das Auto startet, stellt einen ersten Ort dar, die nächste Fuge den zweiten Ort, die darauffolgende den dritten Ort usw.
Beim Bewegen gelangt das Auto immer von einem Ort zum nächstfolgenden. Zwischen zwei Fugen legt es immer eine Strecke von 40 cm zurück. Diese Strecke nennt der Physiker Weg. Der Weg wird meistens mit dem Buchstaben s gekennzeichnet. Er wird wie die Länge in Metern gemessen.

Der Weg gibt an, wie groß die Veränderung des Ortes ist. Das Formelzeichen für den Weg ist s, die Einheit für den Weg ist Meter (m).

Die physikalische Größe Zeit

Die Erde dreht sich in einem Tag einmal um ihre Achse. Diese Zeit hat man in 24 Stunden eingeteilt. Jede Stunde umfasst 60 Minuten und jede Minute 60 Sekunden.
Wenn sich dein Spielzeugauto von einem Ort zum anderen bewegt, dann vergeht dabei eine bestimmte Zeit. Die Zeit kennzeichnet der Physiker mit dem Buchstaben t. Einheiten der Zeit sind Stunde (h), Minute (min) und Sekunde (s). Die Zeit wird mit einer Uhr gemessen. Für kurze Zeiten verwendet man meist eine Stoppuhr (Bild 2). Durch Drücken auf die Stoppuhr kennzeichnet man den Beginn der Messung und durch erneutes Drücken das Ende. Die Stoppuhr zeigt dann die gemessene Zeit an.

Beim Bewegungsvorgang erfolgt die Ortsänderung in einer bestimmten Zeit. Das Formelzeichen für die Zeit ist t, Einheiten für die Zeit sind Stunde (h), Minute (min) und Sekunde (s).

Die Geschwindigkeit eines Körpers

Die Menschen im Verkehr bewegen sich unterschiedlich schnell. Die Fußgänger gehen langsam, die Radfahrer fahren schneller. Noch schneller bewegen sich die Autos (Bild 3). Plötzlich rast ein Motorrad vorbei. „Der fährt doch viel zu schnell!", sagt einer von euch. „Wie schnell darf er denn hier fahren?", fragt der andere. Um das genau anzugeben, muss man die physikalische Größe Geschwindigkeit kennen.

Die Geschwindigkeit gibt an, wie schnell oder langsam sich ein Körper bewegt.

Bewegungen von Körpern

Bei einem Wettbewerb für Heißluftballons hat der Sieger nach einer Flugzeit von 3 Stunden einen Weg von 120 km zurückgelegt. Der Zweitplazierte landet zu dieser Zeit nach einer Flugstrecke von 99 km. Welcher Ballon hatte die größere Geschwindigkeit (Bild 1).

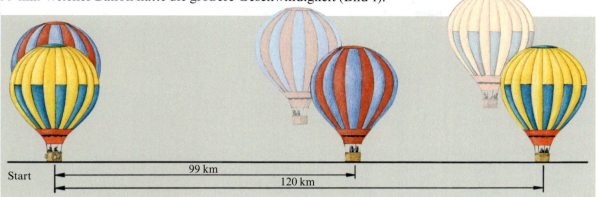

1

> Je länger der Weg ist, den ein Körper in einer bestimmten Zeit zurücklegt, desto größer ist seine Geschwindigkeit.

Beim 60-m-Lauf misst der Lehrer die Zeit. Für einen Weg von 60 m brauchst du 10 Sekunden. Ein anderer benötigt nur 9 Sekunden. Wer von euch hat die größere Geschwindigkeit (Bild 2)?

> Je kürzer die Zeit ist, die ein Körper für einen bestimmten Weg benötigt, desto größer ist seine Geschwindigkeit.

2

Das Weg-Zeit-Diagramm für gleichförmige Bewegungen

Wie kann man feststellen, ob sich ein Körper gleichförmig bewegt?

EXPERIMENT 1
Untersuche die Bewegung einer Luftblase!
1. Fülle ein dünnes Glasrohr mit Wasser. Verschließe beide Öffnungen mit kleinen Stopfen. In dem Rohr soll eine Luftblase von etwa 1 cm Länge bleiben.
2. Lege das Ende des Glasrohres auf ein dickes Buch. Lege daneben ein Lineal.
3. Lege nun das Rohr so hin, dass sich die Luftblase am unteren Ende befindet. Miss die Zeit, die die Luftblase braucht, um 5 cm, 10 cm, 15 cm usw. zurückzulegen.
4. Trage die Werte in eine Tabelle ein und zeichne das Weg-Zeit-Diagramm.
5. Prüfe, ob es sich um eine gleichförmige Bewegung handelt. Begründe deine Aussage.

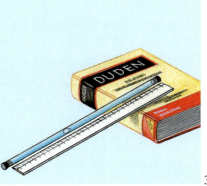

3

Die Tabelle zeigt, welche Ergebnisse du etwa in deinem Experiment erhältst. Verbinde die Messpunkte im Weg-Zeit-Diagramm (s-t-Diagramm) miteinander! Sie liegen alle auf einer Geraden, die durch den Koordinatenursprung geht. Das zeigt, dass bei einer gleichförmigen Bewegung der Weg der Zeit proportional ist (Bild 1).

Weg s in cm	Zeit t in s
0	0
5	3,0
10	6,1
15	9,0
20	12,1
25	15,0

> Bei einer gleichförmigen Bewegung ist der Weg der Zeit proportional.

Wenn du das Experiment wiederholst und dabei das Glasrohr steiler legst, so bewegt sich die Luftblase mit größerer Geschwindigkeit. Die Messpunkte liegen wieder auf einer Geraden, die durch den Koordinatenursprung verläuft. Ihr Anstieg ist jedoch größer (Bild 1, roter Graph). Legt man das Rohr flacher, so ist die Geschwindigkeit kleiner. Die Messpunkte liegen ebenfalls auf einer Geraden. Ihr Anstieg ist geringer (Bild 1, grüner Graph).

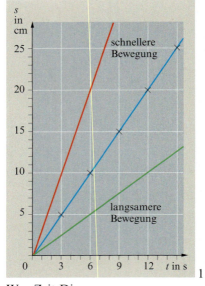

Weg-Zeit-Diagramm

> Der Graph im Weg-Zeit-Diagramm der gleichförmigen Bewegung ist eine Gerade, die durch den Koordinatenursprung geht. Je größer die Geschwindigkeit ist, um so steiler verläuft die Gerade.

Wenn man die Geschwindigkeit eines Körpers ermitteln will, so braucht man nur den Anstieg der Geraden im Weg-Zeit-Diagramm zu berechnen. Der Anstieg ist der Quotient aus einem beliebigen Ordinatenwert und dem dazugehörigen Abszissenwert. Auf der Ordinate ist der Weg und auf der Abszisse die Zeit aufgetragen.

$$\text{Geschwindigkeit} = \frac{\text{zurückgelegter Weg}}{\text{benötigte Zeit}};$$

Für die physikalische Größe „Geschwindigkeit" verwendet man als Formelzeichen den Buchstaben v (Abkürzung von englisch *velocity*). Die Formelzeichen für Weg (s) und Zeit (t) kennst du bereits. Damit kann man die Gleichung für die Geschwindigkeit kürzer schreiben:

> Gleichung für die Geschwindigkeit: $v = \frac{s}{t}$.

Setzt man in dieser Gleichung für den Weg die Einheit Meter und für die Zeit die Einheit Sekunde ein, so erhält man die Einheit für die Geschwindigkeit. Sie ist Meter je Sekunde $\left(\frac{m}{s}\right)$.

Bei Experiment 1 kann man die Werte für s und t dem Diagramm oder der Messwertetabelle entnehmen. Zu einem Weg von 15 cm gehört z. B. eine Zeit von 9 s. Daraus folgt:

$v = \frac{s}{t}$ $v = \frac{15 \text{ cm}}{9 \text{ s}}$ $v = 1{,}7 \frac{\text{cm}}{\text{s}}$

In der Tabelle sind die berechneten Geschwindigkeiten für Experiment 1 dargestellt. Die Geschwindigkeit ist konstant.

Weg s in cm	Zeit t in s	Geschwindigkeit v in $\frac{\text{cm}}{\text{s}}$
0	0	0
5	3,0	1,7
10	6,1	1,7
15	9,0	1,7
20	12,1	1,7
25	15,0	1,7

Bewegungen von Körpern

Bei Kraftfahrzeugen, Bahnen und Flugzeugen wird die Geschwindigkeit in Kilometer je Stunde $\left(\frac{\text{km}}{\text{h}}\right)$ angegeben. Himmelskörper legen in 1 Sekunde viele Kilometer zurück. Deshalb gibt man ihre Geschwindigkeit in Kilometer je Sekunde $\left(\frac{\text{km}}{\text{s}}\right)$ an.

Für die Umrechnung gelten folgende Beziehungen:
$1\,\frac{\text{m}}{\text{s}} = 3{,}6\,\frac{\text{km}}{\text{h}}, \quad 1\,\frac{\text{km}}{\text{h}} = 0{,}28\,\frac{\text{m}}{\text{s}}, \quad 1\,\frac{\text{km}}{\text{s}} = 1\,000\,\frac{\text{m}}{\text{s}} = 3\,600\,\frac{\text{km}}{\text{h}}$

Oft findet man auch die Schreibweise m/s, km/h und km/s.
Ein Messgerät für die Geschwindigkeit ist das **Tachometer**. Es zeigt in jedem Augenblick die Geschwindigkeit eines Autos oder Motorrades an (Bild 1).

Tachometer eines Pkw

Durchschnittsgeschwindigkeit

Der Bus, mit dem du zur Schule fährst, muss seine Geschwindigkeit sehr häufig ändern. Das kannst du gut am Tachometer beobachten. Das Tachometer zeigt immer die Geschwindigkeit an, die der Bus im Augenblick hat. Diese Geschwindigkeit nennt man **Augenblicksgeschwindigkeit**. Wenn der Bus eine gleichförmige Bewegung ausführt, ändert sich die Augenblicksgeschwindigkeit nicht. Meist nimmt aber seine Geschwindigkeit zu oder ab. Manchmal muss er sogar an einer Ampelkreuzung anhalten.

Aus dem Fahrplan kannst du erkennen, wie lange der Bus von einer Haltestelle zur anderen braucht. Den Weg zwischen den Haltestellen kannst du messen. Also müsste es auch möglich sein, für den Bus eine Geschwindigkeit anzugeben. Eine solche Geschwindigkeit nennt man **Durchschnittsgeschwindigkeit**.
Man berechnet sie ebenfalls nach der Gleichung $v = \frac{s}{t}$.

Ungleichförmige Bewegung eines Busses

Darin bedeuten s den gesamten Weg und t die gesamte Zeit.
Das Tachometer hat zeitweise eine höhere Geschwindigkeit als die Durchschnittsgeschwindigkeit angezeigt. Dafür war die Augenblicksgeschwindigkeit zu anderen Zeiten kleiner als die Durchschnittsgeschwindigkeit. Würde sich ein anderer Bus die ganze Zeit gleichförmig mit der berechneten Durchschnittsgeschwindigkeit bewegen, so würden beide Busse gleichzeitig das Ziel erreichen.

Beispiel für die Berechnung einer Durchschnittsgeschwindigkeit
Der Bus 100 Cottbus-Hoyerswerda fährt 6.25 Uhr in Cottbus ab und kommt 7.47 Uhr in Hoyerswerda an. Die Entfernung beträgt 44 km. Wie groß ist seine Durchschnittsgeschwindigkeit?

Gesucht: v in $\frac{\text{km}}{\text{h}}$ *Lösung:* $v = \frac{s}{t} \quad v = \frac{44\,\text{km}}{1{,}4\,\text{h}}$

Gegeben: $s = 44\,\text{km}$
$t = 1{,}4\,\text{h}$ $v = 31{,}4\,\frac{\text{km}}{\text{h}}$

Ergebnis: Die Durchschnittsgeschwindigkeit des Busses beträgt 31,4 km/h.

Bewegungen in Natur und Technik

Projekt

So schnell sind Tiere, Menschen, Autos und Raketen

AUFTRAG 1
Bestimme die Geschwindigkeit eines Tischtennisballs!
1. Fülle einen Tischtennisball zu etwa 1/3 mit Speiseöl. Steche dazu mit einer Stecknadel ein Loch in den Ball. Gieße etwas Öl in einen Eierbecher. Lege den Ball mit dem Loch nach unten in das Öl. Erhitze ihn mit einem Föhn von oben her und lasse ihn danach abkühlen. Verschließe das Loch mit einem Tropfen Alleskleber, nachdem du den Ball sorgfältig mit saugfähigem Papier abgerieben hast!
2. Fertige aus Holzleisten, Brettern oder Besenstielen eine etwa 1 m lange Bahn an. Lege sie geneigt auf einen Stapel Bücher. Mache in jeweils 10 cm Abstand auf einer der Holzleisten einen Bleistiftstrich!
3. Lege den Ball an das obere Ende der Bahn und lasse ihn los. Beginne am zweiten Bleistiftstrich mit der Messung. Bestimme nacheinander die Zeit, die der Ball braucht, um zum dritten, vierten usw. Bleistiftstrich zu gelangen. Fertige ein Weg-Zeit-Diagramm an. Wiederhole das Experiment mit einer größeren und einer kleineren Neigung. Berechne für alle drei Bewegungen die Geschwindigkeit!

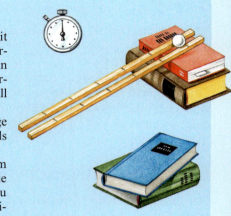

1

Eine Schnecke ist langsam. Schätze einmal, wie weit sie in einer Stunde kommt! Ein Wiesel ist flink. Es braucht für dieselbe Strecke weniger als eine Sekunde. Die Tabelle gibt einen Überblick über einige Geschwindigkeiten.

AUFTRAG 2
1. Vergleiche in der nebenstehenden Tabelle die Geschwindigkeiten der Tiere miteinander!
2. Stelle sie übersichtlich z. B. in einem Säulendiagramm dar. Ordne sie dabei nach laufenden, schwimmenden und fliegenden Tieren!

Weitere interessante Themen, mit denen ihr auch Wandtafeln gestalten könnt:

▶ Wo liegen die Weltrekorde für die verschiedenen Laufdisziplinen im Sport? Stelle die Zeiten und die Geschwindigkeiten übersichtlich dar!
▶ Wo liegen die Geschwindigkeitsrekorde für Landfahrzeuge (Räder, Motorräder, Autos), für Wasserfahrzeuge, Flugzeuge und Raketen? Nutze Fotos für die anschauliche Darstellung!
▶ Wie haben sich die Geschwindigkeitsrekorde für Straßen- oder Schienenfahrzeuge in den letzten hundert Jahren entwickelt?
▶ Welches sind die schnellsten Landsäugetiere? Aus welchen Gründen sind sie so schnell? Wie erkennt man die hohe Geschwindigkeit an ihrem Körperbau?
▶ Worin unterscheiden sich besonders schnell und langsam fliegende Vögel? Zeichne und vergleiche!

Einige Geschwindigkeiten	
Schnecke	0,001 5 m/s
Blut in Hauptschlagader	0,8 m/s
schwimmender Mensch	2 m/s
Radfahrer	5,6 m/s
Regentropfen	9 m/s
Handelsschiff	11 m/s
Elefant	11 m/s
Krähe	13 m/s
Delfin	13 m/s
Thunfisch	21 m/s
Brieftaube	22 m/s
Rennpferd	25 m/s
Stockente	29 m/s
Seglerfisch	31 m/s
Gepard	33 m/s
Schwalbe	35 m/s
Mauersegler	50 m/s
Expresszüge	90 m/s
Passagierflugzeug	250 m/s
Schall in Luft	340 m/s
Raumschiff um die Erde	8 km/s
Erde um die Sonne	30 km/s
Licht in Luft	300 000 km/s

Bewegungen von Körpern — Ein Blick in die Geschichte

Geschwindigkeitsmessung in Knoten

In Geschichten über Seeräuber kannst du lesen, dass die Geschwindigkeit von Schiffen früher ausschließlich in Knoten gemessen wurde. Wie funktionierte das?

Die Messung der Geschwindigkeit auf dem Meer war nicht so einfach, weil man keine Messstrecken für die Wege abstecken konnte. Zur Messung des Weges nutzte man das Log. Es besteht aus einer langen Leine, in die in regelmäßigen Abständen Knoten geknüpft sind. Diese Leine ist an einem Brett befestigt. Befindet sich das Brett im Wasser, so bleibt es an der jeweiligen Stelle liegen. Das Wasser verhindert, dass es sich mit dem Schiff bewegt. Die Uhren, die man benutzte, waren Sanduhren. Solche Uhren finden heute noch als „Eieruhren" Verwendung. Sie wurden Logglas genannt. Wenn der gesamte Sand vom oberen Glas in das untere gerieselt war, dann war eine Sandeinheit vergangen.

Die Geschwindigkeitsmessung erfolgte so: Das Brett wurde vom fahrenden Schiff geworfen. Gleichzeitig begann der Sand im Logglas zu rieseln. Der Messende zählte die Knoten, die in einer Sandeinheit durch seine Hand liefen. Dadurch ermittelte er den Weg, den das Schiff in einer Zeiteinheit zurücklegte. Waren es z. B. 15, so betrug die Geschwindigkeit des Schiffes 15 Knoten.

Der Knoten ist eine Einheit für die Geschwindigkeit, die sogar heute noch verwendet wird. Man hat festgelegt:

1 Knoten = 1 Seemeile je Stunde
1 Seemeile = 1 852 m

Wenn ein Schiff 15 Knoten fährt, so sind das 15 Seemeilen je Stunde oder $15 \cdot 1{,}852 \frac{km}{h}$. Das sind $27{,}78 \frac{km}{h}$ oder $7{,}7 \frac{m}{s}$.

Reisen früher und heute

Schon viele tausend Jahre v. Chr. haben die Menschen Boote benutzt. Ihre Städte lagen an Flüssen und Meeren. Die schnellsten Boote waren die Segelboote.

Auf dem Lande ging man zu Fuß. Sollte jemandem eine Nachricht überbracht werden, so schickte man einen Boten. War die Nachricht eilig, musste der Bote so schnell rennen, wie er konnte. So tat es auch der Läufer, der 490 v. Chr. die Botschaft vom Sieg der Griechen über die Perser von Marathon nach Athen brachte (Bild 1). Nach dem mehr als 42 km langen Lauf aus Marathon soll er mit dem Ruf „Wir haben gesiegt" auf dem Marktplatz von Athen tot zusammengebrochen sein.

Läufer von Marathon

Später benutzte man Reittiere. Je nach dem Klima waren das Pferde, Kamele oder Elefanten.

Damit die Römer ihr Weltreich beherrschen konnten, bauten sie Straßen, Brücken und Tunnel. Im 2. Jahrhundert n. Chr. verfügten sie bereits über mehr als 100 000 km gut ausgebauter Fernstraßen mit Meilensteinen, Pferdestationen und Rasthäusern. Die gut gefederten Reisekutschen wurden von Pferden gezogen. Sie besaßen alle die gleiche Spurweite 1,43 m. Solche Kutschen waren über viele Jahrhunderte ein bequemes Mittel zum Reisen (Bild 2). GOETHE fuhr damit zweimal nach Italien (über 1000 km) und AUGUST DER STARKE mehrmals die 600 km von Dresden nach Krakau.

Pferdekutsche

Erst 1825 baute der englische Ingenieur GEORGE STEPHENSON die erste Dampflokomotive. Sie erreichte eine Geschwindigkeit von etwa 35 km/h (Bild 3).

Ab 1905 wurden Lokomotiven stromlinienförmig verkleidet. 1907 erreicht die Stromlinienlok von MAFFEI aus München mit 157 km/h Rekordgeschwindigkeit (Bild 4).

1931 legte ein von deutschen Flugzeugingenieuren gebauter Triebwagen mit Propeller die Strecke Hamburg–Berlin (285 km) in nur 98 Minuten zurück. Mit einer Höchstgeschwindigkeit von 230 km/h stellte dieser Propellertriebwagen einen Geschwindigkeitsrekord für Landfahrzeuge auf.

Heute kann die Magnetschwebebahn „Transrapid" Geschwindigkeiten von etwa 500 km/h erreichen (Bild 5).

Erste Dampflokomotive

Stromlinienförmig verkleidete Lokomotive

Transrapid

Bewegungen von Körpern

Ein Blick in die Natur

Geschwindigkeiten im Weltall

Die Erde bewegt sich wie alle anderen Planeten in unserem Sonnensystem auf kreisähnlichen Bahnen um die Sonne. Für einen vollständigen Umlauf benötigt sie ein Jahr, das sind 365 1/4 Tage. (Da im Kalenderwesen nur mit ganzen Tagen gerechnet wird, ist jedes 4. Jahr ein Schaltjahr mit 366 Tagen.) Die Erde bewegt sich dabei mit einer mittleren Bahngeschwindigkeit von 29,79 km/s.

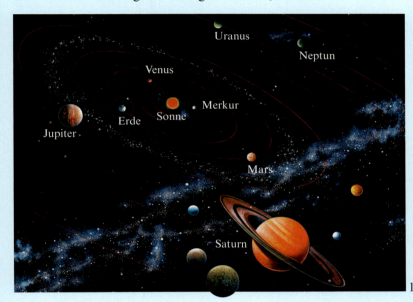
1

Planet	mittlere Bahngeschwindigkeit in km/s	Umlaufzeit um die Sonne
Merkur	47,8	87,87 Tage
Venus	35,03	224,4 Tage
Erde	29,79	365,25 Tage
Mars	24,13	686,98 Tage
Jupiter	13,06	11,86 Jahre
Saturn	9,64	29,46 Jahre
Uranus	6,81	84,67 Jahre
Neptun	5,43	164,8 Jahre

Übrigens

Unser Mond bewegt sich mit einer Geschwindigkeit von etwa 1 km/s um die Erde.

Lichtgeschwindigkeit. Licht legt in einer Sekunde einen Weg von 300 000 km zurück. Obwohl das Licht so schnell ist, braucht es im riesigen Weltall doch einige Zeit, um von einem Ort zu einem anderen zu kommen. Die Erde ist von der Sonne 150 Millionen Kilometer entfernt. Das Licht von der Sonne benötigt für diese Entfernung 8 Minuten und 20 Sekunden. Das Licht vom Mond benötigt 1,3 Sekunden und das vom Neptun bereits 4 Stunden und 10 Minuten. Vom Polarstern braucht das Licht sogar 430 Jahre, bis es die Erde erreicht.

Geschwindigkeiten von Raumschiffen und Satelliten. Wenn ein Raumschiff die Erde umkreisen soll, ohne herunterzufallen, muss es eine Geschwindigkeit von 7,8 km/s haben. Sie heißt 1. kosmische Geschwindigkeit. Beim Umkreisen der Erde wird das Raumschiff wie die Gondel eines Kettenkarussells nach außen gedrückt. Bei 7,8 km/s erfolgt das genau so stark, wie die Erde das Raumschiff anzieht. Nach etwa 90 Minuten hat es die Erde einmal umrundet. Ein Satellit, der zu einem bestimmten Ort auf der Erde ständig Informationen senden soll, muss sich immer an der gleichen Stelle über der Erde befinden. Da sich die Erde einmal am Tag um ihre eigene Achse dreht, muss auch der Satellit für einen Umlauf 1 Tag benötigen. Bewegt er sich im Abstand von 35 900 km mit einer Geschwindigkeit von 3,1 km/s, bleibt er scheinbar über einem bestimmten Ort stehen.

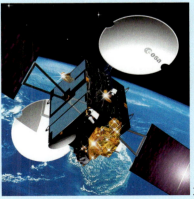
2

Geschwindigkeiten in Natur und Technik

Geschwindigkeiten in der Natur. Tiere und Pflanzen haben sich an ihren Lebensraum angepasst. Die Geschwindigkeiten, mit denen bestimmte Vorgänge ablaufen und mit denen sie sich in diesem Lebensraum bewegen, sind auch Ausdruck dieser Anpassung.
In den Körpern von Pflanzen und Tieren laufen Stoffwechselvorgänge und Wachstumsprozesse nur sehr langsam ab. Teilweise werden sie durch die äußere Temperatur beeinflusst.
Pflanzenfressende Tiere haben oft ein sehr großes Nahrungsangebot, sodass sie sich nicht schnell bewegen müssen (Schnecke und Faultier). Andere Tiere müssen oft große Entfernungen zurücklegen, um zu neuen Nahrungsquellen zu gelangen (Elefant, Pferd, Strauß). Viele Pflanzenfresser müssen sehr schnell sein, um ihren Jägern zu entkommen.
Fleischfressende Tiere müssen beim Jagen ihrer Beute sehr hohe Geschwindigkeiten erreichen (Gepard, Wanderfalke, Schwertfisch).

Kleine und große Geschwindigkeiten in der Natur

Wachstum eines Haares	0,000 000 3	cm/s
Wachstum eines Schilfrohres	0,000 5	cm/s
Bewegung eines Gletschers	0,000 5	cm/s
Wachstum eines Pilzes	0,008	cm/s
Schnecke	0,15	cm/s
Faultier	bis 5	cm/s
Schildkröte	bis 10	cm/s
Wanderer	bis 1,4	m/s
Golfstrom	bis 2,75	m/s
Hecht	bis 4,4	m/s
Rennpferd	bis 25	m/s
Sturm	bis 40	m/s
Schwalbe	bis 100	m/s
Schall	340	m/s

Die schnellsten Landbewohner

Gepard	bis 120	km/h
Windhund	bis 110	km/h
Strauß	bis 72	km/h
afrikanischer Elefant	bis 40	km/h
Mensch beim 100-m-Lauf	bis 36	km/h

Die schnellsten Wasserbewohner

Seglerfisch	bis 110	km/h
Schwertfisch	bis 90	km/h
Thunfisch	bis 50	km/h
Riesenkalmar	bis 40	km/h
Mensch	bis 8	km/h

Die schnellsten Vögel

südamerikanischer Stachelschwanzsegler	bis 335	km/h
Wanderfalke im Sturzflug	bis 290	km/h
Mauersegler	bis 180	km/h

Bewegungen von Körpern 117

Geschwindigkeiten in der Technik. Die Menschen haben schon immer Tiere bewundert, die sich sehr schnell bewegen können. Von diesen haben sie sehr viel gelernt. Beim Bau von Schiffen haben sie sich die Körperformen von Wassertieren zum Vorbild genommen. Dadurch war es möglich mit Schiffen große Geschwindigkeiten zu erreichen. Auch die Form der Flugzeuge haben sich die Menschen von den Vögeln abgeschaut. Hier waren es vor allem Schwalben und Mauersegler, die sehr schnell fliegen können.

Geschwindigkeiten von Landfahrzeugen	
Motorrad	300 km/h
schnellster Zug der Welt (Japan)	552 km/h
japanische Magnetschnellbahn „MAGLEV"	581 km/h
Fahrzeug „Budweisser-Rocket"	1 190 km/h
Thrust SSC mit Düsenantrieb	1 228 km/h

Geschwindigkeiten von Wasserfahrzeugen	
Surfer	83 km/h
Rennboot	250 km/h
Schnellboot „Bluebird"	445 km/h
Gleitboot „Spirit of Australia"	514 km/h

Geschwindigkeiten von Luftfahrzeugen	
Space-Shuttle (Landegeschwindigkeit)	350 km/h
Airbus A340	900 km/h
Passagierflugzeug „Concorde"	2 179 km/h
Aufklärungsflugzeug „Lockeed SR 71A"	3 590 km/h

AUFGABEN

1. Nenne je zwei Beispiele für geradlinige Bewegungen, Kreisbewegungen und Schwingungen!
2. Kennzeichne eine gleichförmige Bewegung!
3. Nenne je zwei Beispiele für gleichförmige und ungleichförmige Bewegungen!
4. Welche Teile der folgenden Bewegungsvorgänge verlaufen gleichförmig?
   a) Fahrt in einem Fahrstuhl,
   b) Fahrt mit einer Eisenbahn,
   c) Flug mit einem Flugzeug.
5. Ein Reporter bei einem Autorennen: „Die Wagen kommen mit 180 Stundenkilometern auf die Zielgerade!" Was meint er damit? Wie müsste es „physikalisch korrekt" heißen?
6. Welchen Verlauf hat der Graph im Weg-Zeit-Diagramm einer gleichförmigen Bewegung?
7. Wie kommen die Umrechnungsfaktoren zwischen den Einheiten der Geschwindigkeit m/s und km/h zustande?
8. Was bedeutet die Aussage, dass die Geschwindigkeit eines Förderbandes 1,4 m/s beträgt?
9. Auf einem Förderband werden Strohballen in fünf Sekunden 10 Meter transportiert. Welche Geschwindigkeit haben die Ballen?
10. Beim Staffellauf legt ein Läufer 100 m in 10 s zurück. Wie groß ist seine Geschwindigkeit in m/s und km/h?
11. Warum ist die Durchschnittsgeschwindigkeit nie größer als der höchste Wert der Augenblicksgeschwindigkeit?
12. Die Magnetschwebebahn „Transrapid" könnte die Strecke Berlin–Hamburg (285 km) in 53 Minuten zurücklegen. Wie groß wäre ihre Durchschnittsgeschwindigkeit (in m/s und km/h)?
13. Die Durchschnittsgeschwindigkeit eines Pkw beträgt $v = 60$ km/h. Sie ist dreimal so groß wie die eines Radfahrers. Vergleiche die Zeiten, die der Pkw und der Radfahrer für eine Strecke von 30 km benötigen!
14. In Bild 1 ist die Bewegung eines ICE im Weg-Zeit-Diagramm dargestellt. Welchen Weg hat er nach 1 Stunde, 2 Stunden und 3 Stunden zurückgelegt? Wie groß ist seine Durchschnittsgeschwindigkeit für die gesamte Fahrt?

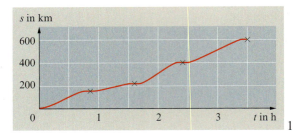

1

ZUSAMMENFASSUNG

Man unterscheidet 3 Bewegungsarten: geradlinige Bewegung, Kreisbewegung und Schwingung.

Wichtige Bewegungsformen sind die gleichförmige und die ungleichförmige Bewegung.

Die physikalische Größe Weg kennzeichnet die Ortsveränderung.
Formelzeichen: s Einheit: Meter (m)

Die physikalischen Größe Zeit hat das Formelzeichen t.
Einheiten: Stunde (h), Minute (min), Sekunde (s).

Die Geschwindigkeit gibt an, wie schnell oder langsam sich ein Körper bewegt.

Bei einer gleichförmigen Bewegung berechnet man die Geschwindigkeit eines Körpers nach der Gleichung $v = \dfrac{s}{t}$.

Die Einheit der Geschwindigkeit ist Meter je Sekunde $\dfrac{m}{s}$. Ein Messgerät für die Geschwindigkeit ist das Tachometer.

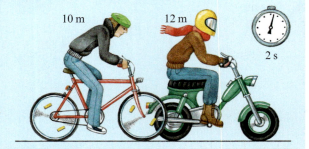

Register

Aggregatzustand 79
Arbeitsweisen in der Physik 5 ff.
Aräometer 99
astronomische Einheit 43
Aufbau der Körper aus Teilchen 23
Auge 67, 72 ff.
Augenblicksgeschwindigkeit 111
Ausbreitung des Lichtes 30 ff.
Auswählen 18

Balkenwaage 82
beleuchteter Körper 31
Beobachten 8 ff.
Beschreiben 10
Bewegung 105 ff.
–, geradlinig 107 ff.
–, gleichförmig 107
–, ungleichförmig 107
Bild, Konstruktion 61
–, reell 62
–, scheinbar 62
–, virtuelles 62
Bildentstehung mit Linsen 58 ff.
–, Auge 66
–, Fotoapparat 66
Bildpunkt 61
Bildwerfer 67
Blackbox-Methode 21 ff.
BROWN, ROBERT 24
Brechkraft 59
Brechung, Farben 56
–, Licht 52 ff.
Brechungsgesetz 53
Brechungswinkel 53
Brennpunkt 60
Brennpunktstrahl 60
Brennweite 60
Briefwaage 82
Brille 72
Bruchgrammwägesatz 82

Camera obscura 63

Denkweisen in der Physik 5 ff.
Denkmodell 23
– Kleine Teilchen 23

Diaprojektor 67
Dichte 92 ff.
–, Bestimmen 97 ff.
Differenzmethode 87
Durchschnittsgeschwindigkeit 111

ebener Spiegel 46
einfallender Strahl 47, 53
Einfallslot 47, 53
Einfallswinkel 47, 53
Erde 43, 115
Erklären 22
Experiment 15 ff., 50
exprimentelle Methode 50

Fernrohr 68
fester Körper 79 ff.
Flüssigkeit 79 ff.
Formverhalten, Körper 79
Fotoapparat 67, 70
Fresnellinse 67

Gas 79 ff.
gebrochener Strahl 53
Gegenstandspunkt 61
geradlinige Bewegung 107
Geschwindigkeit 108
– in Natur und Technik 116 f.
– im Weltall 115
Geschwindigkeitsmessung in Knoten 113
Gewicht 83
gleichförmige Bewegung 107
–, Weg-Zeit-Diagramm 109

Halbmond 42
Halbschatten 38
Heißluftballon 101 f.

Iris 72

Jupiter 43, 115

Kaleidoskop 49
Kapillarität 26
Kernschatten 38
Knoten 113
Konstruktion von Bildern 61
Körper 77 ff.
–, Aufbau 23

–, beleuchteter 31
–, Eigenschaften 78 ff.
–, fester 79
–, Formverhalten 79
–, Volumenverhalten 85
Kreisbewegung 107
Kubikmeter 84
kurzsichtig 73

Längenmessung 14
Licht 29 ff.
–, Ausbreitung 30 ff.
–, Brechung 52 ff.
–, Reflexion 46 ff.
Lichtbündel 32
Lichtgeschwindigkeit 115
Lichtquelle 31
Lichtstrahl, Modell 32
lichtundurchlässig 34
Linse, Bildentstehung 58 ff.
–, optische 58
Linsenformen 67
Lochkamera 63
Lupe 62

Mars 43, 115
Masse 80 ff.
–, Messen 81
Masse-Volumen-Diagramm 97
Merkur 43, 115
Messen 13 ff.
Messbereich 14
Messgenauigkeit 14
Methode, experimentelle 50
Mikroskop 69
Mittelpunktstrahl 60
Modell 18 ff.
–, Lichtstrahl 32 ff.
–, physikalisches 18
–, Sonnensystem 43
Modellvorstellung, Licht und Sehen 71
Mond 39 ff.
Mondfinsternis 40
Mondphasen 39

Neptun 43, 115
Neumond 42
Netzhaut 72

optische Brechung 52
– Linsen 58
Ordnen 11

Parallelstrahl 60
Periskop 49
Phänomen 9
physikalische Größe 12 ff.
Planet 43, 115
planparallele Platte 55
Prisma 56
Prismenfernglas 68
Pupille 72

reelles Bild 62
reflektierender Strahl 47
Reflektor 32
Reflexion an rauen Flächen 48
Reflexion, ebener Spiegel 46
–, Licht 46 ff.
Reflexionsgesetz 47
Reflexionswinkel 47
Regenbogen 56

Sammellinse 58 ff.
–, Strahlenverlauf 60
Saturn 43, 115
Schatten 34 ff.
Schattenbild 37

Schattenraum 37
Schattenriss 44
Schattenspiele 44
Schattentheater 44
scheinbares Bild 62
Schwingung 107
Seemeile 113
Sehen 71
Sehschärfe 74
Silhouetten 44
Sonnenfinsternis 40
Sonnensystem 43, 115
–, Modell 43
Sonnenuhr 41
Spektrum 56
Spiegel, Reflexion 46 ff.
Spiegelbild 46
Stoff 77 ff.
–, Dichte 92 ff.
–, Teilbarkeit 22
Strahlenverlauf, Sammellinse 60

Tachometer 111
Tageslichtprojektor 67
Teilbarkeit der Stoffe 22
Teilchen 22 ff.
–, Denkmodell 23
Teilchenbewegung 24
Teleskop 68
Tellurium 43

Temperaturmessung 13
Totalreflexion 54

Überlaufmethode 87
Umkehrprisma 56
ungleichförmige Bewegung 107
Uranus 43, 115
Urkilogramm 89
Urmeter 14

Venus 43, 115
Vereinfachen 18
Vergleichen 11
Vermuten 21
virtuelles Bild 62
Vollmond 42
Volumen 84 ff.
Volumenbestimmung 86
Volumenverhalten, Körper 85

Waage 81
Wägesatz 82
Weg 108
Weg-Zeit-Diagramm 110
weitsichtig 73

Zeit 15, 108
Zeitmessung 15
Zerstreuungslinse 58
Ziliarmuskel 72

Quellennachweis der Abbildungen

archivbild/Tossi: 19/1 | Archiv Cornelsen Verlag: 8/1, 20/1, 26/5, 40/3, 56/5, 69/2, 75/3, 107/5 | Archiv Hoyer, Galenbeck: 75/5 | Arco/Wegner: 117/4-5 | Astrofoto/Leichlingen: 8/1 | Avenue Images/Index Stock/Luke: 46/2, 50/1 | Ballonhafen Berlin: 7 r., 101/1-2 | Bavaria/Gauting: 90/2 | Bellmann, H., Lonsee: 69/3 | BilderBox: 88/1 | blickwinkel/ Schmidbauer: 116/5 | Carl Braun Camera-Werk, Nürnberg: 67/1 | Corbis/Japack: 99/2 | Corbis/Kim: 19/4 | Corbis/Noboru: 117/1 | Corbis/Reuters: 117/3 | Corbis/ Skelly: 18/1 | Cornelsen Experimenta, Berlin: 43/3 | DaimlerChrysler AG, Stuttgart: 105 | Deutsche Bahn AG, Berlin: 114/5 | Deutsche Binnenwerft GmbH, Berlin: 15/2 | Deutsche Lufthansa AG, Köln: 100/3, 107/4 | Deutsche Verkehrswacht e.V., Meckenheim: 32/1 | Deutsches Hygienemuseum, Dresden: 13/1 | Deutsches Museum, München: 63/4, 102/2, 114/2-3 | DLR: 5, 42/1, 68/4 | dpa/Frankfurt/Main: 19/5 | ESA/J. Huart: 115/2 | Fischer, R., Berlin: 30/2-3 | Focus/Günther: 19/2 | fl online/Poelzer: 11/2, 116/2 | Georgy Mauersägetechnik, Magdala: 27/2-3 |

Helga Lade Fotoagentur: 6, 7/l., 39/1 | Hopf, K., Hof: 68/1 | Hünert Fahrzeugbau GmbH, Hamburg: 104/1 | Images.de/Zoellner: 46/3 | Irmer, München: 98/2 | Kemesis: 116/3 | Keystone Pressedienst, Hamburg: 6 m | Klepel, G., Leipzig: 69/4 | Krauss-Maffei AG, München: 114/4 | Kulka: 10/4 | Martin-Edingshaus, T., Köln: 30/1 | mediacolors/Miller: 12/1 | NASA: 83/3 | Nolte, H., Bochum: 46/1 | Okapia/Lenz: 19/3 | Phywe Systeme GmbH, Göttingen: 54/1-2 | picture-alliance/akg-images: 44/2-3 | PTB, Braunschweig: 14/2, 89/2 | Schubert, B., Berlin: 80/1 | Sedlag, U., Eberswalde: 75/1-2 | Sommer, Coburg (www.somso.de): 20/2 | Superbild, Berlin: Einband, 6 l., 80/2, 106/1 | Superbild/G. Graefenhain: 77 | Theuerkauf, H., Gotha: 26/3, 27/1,5, 69/5 | Thomas, H., Dresden: 75/4 | Trek Bicycle GmbH, Langen: 100/4 | ullstein bild/Minehan: 46/4 | VISUM/Krewitt: 117/2 | Wildlife/Cole: 116/4 | Wildlife/Cox: 116/1 | Wilhelm-Foerster-Sternwarte, Berlin: 40/2 | Zenkert, A., Potsdam: 41/1 | Alle anderen Fotos: Volker Döring, Hohen Neuendorf.

Sonneninneres 15 000 000 °C

Sonnenoberfläche 6 000 °C

200 000 000 °C	höchste Temperatur in einem Fusionsreaktor
6 000 °C	elektrischer Lichtbogen
3 550 °C	Diamant wird flüssig
1 400 °C	Glas wird flüssig
450 °C	Wasserdampf in Kraftwerksturbinen
250 °C	Glaskolben einer Halogenlampe
120 °C	Temperatur im Dampfdrucktopf
41,5 °C	Fieber wird lebensbedrohlich
5 °C	Körpertemperatur des Igels im Winterschlaf
−5 °C	Körpertemperatur des arktischen Kabeljau
−195,8 °C	Stickstoff wird flüssig
−272,2 °C	Helium wird fest
−273,15 °C	tiefste mögliche Temperatur

Mond, Tagseite 130 °C

Mond, Nachtseite −160 °C